Dieses Buch ist meinem verstorbenen Vater gewidmet.
Er hat mir alle Freiheiten und Möglichkeiten für meinen Weg mitgegeben.
Mögen die Sterne immer für ihn leuchten.
(Norbert Span)

NORBERT SPAN

STERNE ÜBER TIROL

DIE BERGE IN NORD- UND SÜDTIROL BEI NACHT

Tyrolia-Verlag • Innsbruck-Wien

ATHESIA VERLAG

Gedruckt mit Unterstützung der Abteilung Kultur im Amt der Tiroler Landesregierung,
der Südtiroler Landesregierung / Abteilung Deutsche Kultur

LAND TIROL

Autonome Provinz Bozen
Provincia autonoma di Bolzano
Provinzia autonoma de Bulsan
SÜDTIROL · ALTO ADIGE

Coverabbildung: Der Wilde Freiger spiegelt sich in einem See in den Stubaier Alpen.
Vorsatz: Wer in den Tierkreiszeichen Krebs, Löwe, Jungfrau, Waage oder Skorpion geboren wurde, muss für deren Sichtung – zum Beispiel an der Blaserhütte – schon Monate vor dem Geburtstag in den Frühlingshimmel schauen. (Erzeugt mit der Freien Software Stellarium.)
Nachsatz: Am Herbsthimmel sind in unseren Breiten die Tierkreissternbilder des Winters und Frühlings gut zu sehen – sofern man weiß, wie sie zu erkennen sind. (Erzeugt mit der Freien Software Stellarium.)
Umschlagrückseite Tyrolia: Der Nachthimmel über den Geislerspitzen.

Alle Fotos Norbert Span außer Seite 191 mit freundlicher Genehmigung von Jurij Stare, www.lightpollutionmap.info; Fabio Falchi et al. „The new world atlas of artificial night sky brightness (2016)"

MIX
Papier aus verantwortungsvollen Quellen
FSC® C106954
FSC www.fsc.org

Nachhaltige Produktion ist uns ein Anliegen; wir möchten die Belastung unserer Mitwelt so gering wie möglich halten. Über unsere Druckereien garantieren wir ein hohes Maß an Umweltverträglichkeit: Wir lassen ausschließlich auf FSC®-Papieren aus verantwortungsvollen Quellen drucken, verwenden Farben auf Pflanzenölbasis und Klebestoffe ohne Lösungsmittel. Wir produzieren in Österreich und im nahen europäischen Ausland, auf Produktionen in Fernost verzichten wir ganz.

Umschlaggestaltung: Tyrolia-Verlag, Innsbruck, und Athesia-Tappeiner Verlag, Bozen
Layout und digitale Gestaltung: Tyrolia-Verlag, Innsbruck
Druck und Bindung: Florjančič, Maribor

ISBN 978-3-7022-4302-9 (Tyrolia)
buchverlag@tyrolia.at
www.tyrolia-verlag.at

ISBN 978-88-6839-895-8 (Athesia)
buchverlag@athesia.it
www.athesia-tappeiner.com

INHALT

Prolog: Durch die Dunkelheit 7

Das Bergwetter 8

Aufbruch 22

Die Stunde der Farben 34

Die ersten Sterne 44

Den Nachthimmel richtig fotografieren 56

Mein Gott, es ist voller Sterne! 62

Was sind Sterne? 80

Sternbilder und Tierkreiszeichen 82

Mondnächte 106

Die Planeten 124

Kosmische Bewegungen 134

In die Tiefe des Universums 158

Lichtverschmutzung 176

Die Vermessung der Finsternis 190

Die Rückkehr der Sonne 192

Dank 200

Der Autor und Fotograf 200

PROLOG: DURCH DIE DUNKELHEIT

Wenn die Sonne hinter den Berggipfeln versinkt, öffnen sich neue Welten. Die Erde dreht sich langsam auf die dunkle Seite – und die Nacht beginnt. Dieses Buch nimmt Sie mit auf eine außergewöhnliche Reise durch ebendiese Nacht, von der Stunde der Farben über die ersten Sterne bis hin zur Rückkehr der Sonne.

Das Verhältnis der Menschen zur Nacht ist seit jeher ein ambivalentes. Die Sternbilder gaben den Menschen einerseits Orientierung – als verlässliche Fixpunkte in einem oft chaotischen Leben. Sie wurden zu Symbolen der Beständigkeit, einer ewigen Ordnung am Firmament, fast göttlich in ihrer stillen Präsenz. Wer je unter einem klaren, dunklen Himmel gestanden und den Blick zu den Sternen emporgerichtet hat, der weiß, wie unmittelbar diese Faszination sein kann. Dieser Anblick weckt nicht nur Staunen, sondern auch eine leise, tiefe Sehnsucht nach der Dunkelheit selbst.

Und doch empfinden viele Menschen die Nacht bis heute als etwas Unheimliches, Bedrohliches. Dunkelheit wird mit Einsamkeit assoziiert, mit Orientierungslosigkeit, mit Gefahr. Der Blick in den nächtlichen Himmel war und ist stets auch Projektionsfläche für unsere tiefsten Ängste und Sehnsüchte. Die meisten meiner Freunde und Bekannten sind auch ganz froh darüber, dass sie mich auf meinen nächtlichen Touren in die Berge nicht begleiten müssen – erst recht im Winter. Kälte und Finsternis schrecken ab. Sie sind nicht nur körperlich unangenehm, sondern lösen eine schwer greifbare, aber tief empfundene Furcht aus.

Warum also dieser Weg hinaus – oder besser: hinauf – in die Nacht? Für mich persönlich ist die Antwort einfach: Weil man dort oben eines der eindrucksvollsten Naturschauspiele unseres Planeten erleben kann, einen nachtschwarzen Himmel, der den Blick ins Universum freigibt. Wer je bei Neumond den Sternenaufgang über den Alpen, das Zodiakallicht kurz nach Sonnenuntergang oder die Milchstraße in einer klaren Nacht erleben durfte, der begreift, warum dieser Anblick Ehrfurcht und Freude zugleich auslöst.

Vor Kurzem erst habe ich einen Nachbarn hinaus in die Dunkelheit geführt. Als er in den funkelnden Sternenhimmel blickte, traten ihm Tränen in die Augen. Denn zum ersten Mal seit Langem erlebte er die Nacht in ihrer ganzen stillen Schönheit. Und so kann ich nur hoffen, dass mit diesem Buch nur annähernd etwas Ähnliches gelingt: nämlich die Faszination für den Sternenhimmel über Tirol zu wecken.

DAS BERGWETTER

Das Wetter in den Alpen ist oft der entscheidende Faktor, wenn es darum geht, Sterne zu beobachten oder zu fotografieren. Am Anfang jeder fotografischen Reise zu den Sternen steht daher immer die gleiche Frage: Wie wird das Wetter? Was sagen die Prognosen über Wolkenbedeckung, Wind und Niederschlag? Und vor allem: Wie sehr kann man den Modellen trauen?

Gerade in den Bergen ist das Wetter häufig launisch. So sind die Vorhersagen für die Wolkenentwicklung heute zwar recht präzise, doch gerade in den Alpen kann es immer wieder zu plötzlicher, unerwarteter Bewölkung kommen. Ich habe schon viele Touren abbrechen müssen oder stundenlang auf einem windgepeitschten Gipfel ausgeharrt in der vagen Hoffnung, dass sich der Himmel doch noch öffnet. Eine gewissenhafte Tourenplanung ist deshalb unerlässlich.

Gelegentlich entpuppen sich Wolken zudem als willkommene Freunde des Fotografen. Vor allem bei Zeitrafferaufnahmen können sie durchaus reizvoll sein. Denn ein wolkenloser Himmel wirkt oft statisch, beinahe steril – während ziehende Nebelbänke, die sich langsam an einem Bergmassiv entlangschieben, eine geheimnisvolle Dynamik ins Bild bringen.

Ein weiterer, teils schwer berechenbarer und nicht zu unterschätzender Gegenspieler ist auch bei klarem Himmel der Wind. Ob als Föhn, Hangwind oder typischer Jochwind – eine windige Nacht zehrt an Körper, Geist und Technik. Die Kameraausrüstung leidet ebenso wie der Fotograf, selbst das Stativ beginnt zu vibrieren, das Objektiv zeigt Unschärfen – das gefürchtete „Wackelsyndrom“ tritt auf.

Starker Wind führt zudem rasch zur Auskühlung. Manchmal bleiben nur der Rückzug oder ein Ortswechsel. Zum Glück bietet die vielfältige Topografie der Alpen oft geschützte Winkel, in denen der Wind kaum spürbar ist. Vor allem im Winter suche ich bei Exkursionen häufiger die Nähe einer Bergstation, wo ich halbwegs windgeschützt fotografieren kann. Das gilt auch bei Lawinengefahr, die als eine Folge des Bergwetters bezeichnet werden kann.

Im Sommer sind es wiederum vor allem Unwetter, die schwer vorherzusagen sind. Lokale Gewitterzellen entstehen schnell und können ebenso schnell bedrohlich werden. Wer sich nachts im hochalpinen Gelände weit oberhalb der Baumgrenze bewegt, findet selten natürlichen Schutz. In solchen Fällen ist es ratsam, in der Nähe einer Schutzhütte oder eines Fahrzeugs zu bleiben. Wenn sich ein Gewitter ankündigt, zählt jede Minute: Ein sicherer Unterschlupf muss dann schnell gefunden werden.

Blick von der Serles bei Innsbruck in Richtung Kalkkögel. Das Wetter lässt wenig Hoffnung auf eine freie Sicht für die totale Mondfinsternis in dieser Nacht. (Canon 6D, 27.07.2018, 70 mm, f/5.6, 1/320 Sek., ISO 800)

Auf einer Skitour zum Nösslachjoch bei Steinach am Brenner dem Hochnebel im Wipptal entkommen.
Das Bild wurde an der Obergrenze des Hochnebels aufgenommen.
(Canon 5D Mark 3, 18.12.2012, Panorama aus 13 hochformatigen Bildern, 24 mm, f/3.2, à 15 Sek., ISO 3200)

Am Gipfel des Padauner Kogels in den Tuxer Alpen mit Blick in Richtung Nordkette: Im Herbst bildet sich oft Hochnebel im Inntal. Die Sterne bilden eine ungewöhnliche Szenerie. (Canon 6D, 31.10.2019, 85 mm, f/1.4, 5 Sek., ISO 6400)

An der Gschnitzer Tribulaunhütte in den Stubaier Alpen öffnet das Wetter nur ein paar kurze Fenster zum Pflerscher Tribulaun, um den Nachthimmel bei Mondlicht zu fotografieren. (Canon 6D, 31.05.2020, 209 mm, f/4.75, 3.2 Sek., ISO 6400)

Flache Wolken ziehen während einer Langzeitbelichtung am Serleskamm vorbei.
(Olympus EM1 Mark 3, 12.06.2022, 40 mm, f/2.8, 310 Sek., ISO 1600)

Mit dem Institut für interdisziplinäre Gebirgsforschung (IGF) auf einer Expedition auf der Weißseespitze im Kaunertal. Am Abend war der Gipfel in Nebel gehüllt. (Canon 6D, 19.06.2018, 45 mm, f/5.6, 1/1000 Sek., ISO 200)

Das Habichtmassiv in den Stubaier Alpen während eines Gewitters.
(Canon 6D, 85 mm, 31.05.2020, f/1.4, 31.05.2020, mehrere Aufnahmen à 30 Sek. übereinandergelegt (gestackt), ISO 100)

Die alte Bergeralm (nicht mehr bewirtschaftet) bei Steinach am Brenner am Abend nach einem Gewitterregen, die anschließende Nacht war klar. (Samsung Galaxy S7, 24.05.2018, Panoramaaufnahme, 4 mm, f/1.7.)

Abzug der abendlichen Gewitter am Zuckerhütl dem höchsten Berg der Stubaier Alpen. In der Nacht verdeckten immer wieder Nebelreste die Sicht. (Canon 6D, 29.07.2016, Panorama aus mehreren hochformatigen Bildern, 24 mm, f/2.8, à 10 Sek., ISO 6400)

Die Zsigmondyhütte (2224 m) vor dem Zwölferkogel in den Sextner Dolomiten bei recht stürmischem Westwind.
(Insta Ace Pro, 19.09.2024, 4 mm, f/2.6, 13 Sek., ISO 1600, Einzelbild aus einem Zeitraffer)

AUFBRUCH

Die nächsten großen Fragen betreffen die Ausrüstung: Was nehme ich mit? Welche Kamera brauche ich, welche Objektive sind unverzichtbar? Die Antworten darauf hängen auch damit zusammen, wie ich am Berg unterwegs bin: Geht es mit Tourenski los oder doch mit dem E-Mountainbike? Und wie weit muss ich danach noch zu Fuß gehen, um meinen Traumplatz zu erreichen?
Die Kombination aus fotografischem Equipment und alpiner Schutzausrüstung ergibt ein beachtliches Volumen und vor allem ein respektables Gewicht. Mittlerweile bringt mein gepackter Rucksack oftmals gut 30 Kilogramm auf die Waage. An der Kameraausrüstung spare ich selten, vor allem dann nicht, wenn die Nacht klar und mondlos werden soll – ein perfektes Szenario.
Hier eine Übersicht der wichtigsten Ausrüstungsgegenstände für eine Nacht in den Bergen:

- **Kamera.** Es eignet sich praktisch jede moderne Spiegelreflex-, System- oder spiegellose Kamera für Astrofotografie. Auch neuere Smartphones und Action-Cams liefern mittlerweile erstaunlich gute Ergebnisse.
- **Speicherkarten.** Mindestens zwei oder drei. Sie gehen schneller kaputt, als man denkt.
- **Objektive.** Weitwinkel mit 14 bis 50 mm Brennweite, mindestens f/2.8, besser f/1.4 oder sogar f/1.2.
- **Stativ.** Unverzichtbar. Belichtungszeiten von mehreren Sekunden erfordern eine stabile Fixierung der Kamera.
- **Akkus.** Moderne Kameras sind Energiefresser. Ersatzakkus oder ein größerer externer Akku sind ein Muss.
- **Fernauslöser.** Egal, ob Kabel oder Funk. Hauptsache, die Kamera löst erschütterungsfrei aus.
- **Taukappenheizung.** Hilft gegen das unvermeidliche Kondenswasser auf der Frontlinse.
- **Schlafsack.** Ratsam ist ein hochwertiger Daunenschlafsack mit einem Komfortbereich bis minus 30 Grad Celsius. Selbst im Sommer kann es frostig und kalt werden.
- **Isomatte & Rettungsdecke.** Zum Schutz vor Bodenkälte.
- **Gaskocher.** Für eine warme Mahlzeit und den so wichtigen Morgenkaffee.
- **Feuerzeuge.** Am besten mehrere. In Kälte und Höhe versagen diese gern. Benzin- oder Sturmfeuerzeuge sind zuverlässiger.
- **Wasser.** Viel trinken ist essenziell. Auch wichtig für den Kaffee.
- **Bier.** Persönlicher Luxus beim Sonnenuntergang in den Bergen. Für mich fast ein Ritual.

- **Nahrung.** Ich mag Kartoffelgulasch aus der Dose. Was einem persönlich eben gut schmeckt und Energie liefert.
- **Kleidung.** Ich nehme meist Winterausrüstung mit, auch im Sommer: Daunenjacke, Daunenhose oder Overall.
- **Warme Schuhe, Mütze und Stirnlampe mit Rotlichtmodus.** Letztere schont die Nachtsicht, entwöhnt die Augen also nicht so schnell von der Dunkelheit. Ersatzbatterien nicht vergessen!
- **Smartphone.** Akku geladen. Mit installierter Notfall-App.

Biwakieren in Tirol

In Tirol ist das Biwakieren außerhalb offizieller Campingplätze grundsätzlich verboten. Doch das Tiroler Campinggesetz von 2001 erlaubt ein kurzfristiges Notbiwak im hochalpinen Raum – etwa wenn eine nächtliche Rückkehr unzumutbar wäre. Wer aus triftigem Grund unterwegs ist, wie zur Astrofotografie, darf also unter bestimmten Bedingungen eine Nacht in den Bergen verbringen.

Nach dem Aufstieg oder der Auffahrt mit dem E-Bike bis über die Waldgrenze macht sich das Gewicht des Rucksacks bemerkbar. Meist lege ich zwischen 500 und 1500 Höhenmeter zurück. Oft brauche ich mehrere Pausen, doch die Sehnsucht nach dem Sternenhimmel lässt mich die Anstrengung jedes Mal aufs Neue vergessen.

Schließlich finde ich meinen Übernachtungsplatz und genieße die letzten warmen Sonnenstrahlen. Das Bier in meiner Hand ist die Belohnung. Mein stiller Trinkspruch gilt der Nacht, die kommt.

Während eines heißen Abendessens – klassisch: Kartoffelgulasch aus der Dose – freue ich mich auf ein einzigartiges Schauspiel. Denn bald wird der Himmel seinen Facettenreichtum beweisen, vom goldenen Licht des Abends über die kühle Blaue Stunde bis zu den ersten Sternen am Zenit. Je nach Jahreszeit kann dies zum Teil innerhalb weniger Minuten passieren.

Und so heißt es jetzt: warten auf die Farben der Nacht.

Oben: Das Teleskop wird am Lech für die Nacht aufgestellt, um die Gasnebel in der Milchstraße zu fotografieren. (Huawei P30 Pro, 04.04.2021, 6 mm, f/1.35, 1/188 Sek., ISO 50)
Unten: Mit Freunden und schwerer Ausrüstung auf dem Weg zum Brandenburger Haus in den Ötztaler Alpen mit Blick auf den Kesselwandferner. (Canon 6D, 18.08.2016, 43 mm, f/5.6, 1/1000 Sek., ISO 250)

Ein kurzes Telefonat mit der Hütte – und schon darf der schwere Rucksack samt Fotoausrüstung mit der Materialseilbahn auf den Berg. (iPhone 6s, 30.07.2016, 4 mm, f/2.2, 1/100 Sek., ISO 40)

Im Herbst bei Neuschnee am Schwarzsee auf fast 2500 Metern oberhalb der Berliner Hütte in den Zillertaler Alpen – in Erwartung der kommenden Nacht. (Huawei P30 Pro, 23.09.2022, 4 mm, f/2.2, 1/100 Sek., ISO 40)

Ebenfalls am Schwarzsee spiegelt sich nur wenige Stunden später die Milchstraße im Wasser.
(Olympus EM1 Mark 3, 22.09.2022, 15 mm, Panoramaaufnahme, f/2.8, 25 Sek., ISO 6400)

Gemeinsam ist man weniger allein: Am Nösslachjoch (2231 m) genießen wir den Moment über dem Hochnebel.
(Canon 5D Mark 3, 03.12.2014, 24 mm, f/4, 5 Sek., ISO 3200)

Ein kleines Feuer wärmt Seele und Körper in der bitterkalten Neujahrsnacht. Die gesamte Ausrüstung wurde mit der Rodel den Berg hochgezogen. (Huawei P30 Pro, 01.01.2022, 6 mm, f/1.6, 5 Sek., ISO 320)

Unter freiem Himmel: Obwohl wir nicht allein sind, freuen wir uns am Lichtsee (2100 m) oberhalb von Obernberg auf die laue Mondsommernacht. (Canon 5D Mark 3, 29.08.2015, 24 mm, f/4, 2 Sek., ISO 3200)

Zwischen den Drei Zinnen und der Cadini-Gruppe spannt sich die Milchstraße – und wir fotografieren stundenlang die Dunkelheit. (Canon 6D, 07.05.2016, Panorama aus mehreren hochformatigen Bildern, 24 mm, f/1.4, à 10 Sek., ISO 6400)

DIE STUNDE DER FARBEN

Ein besonders eindrucksvoller Moment am Berg ist der Sonnenuntergang. Die letzten Sonnenstrahlen tauchen die höchsten Gipfel in ein warmes Licht; das berühmte Alpenglühen beginnt. Doch dann verschwinden das Licht und die Wärme und mit ihnen das Gefühl von Geborgenheit. Eine uralte, tief in uns verankerte Angst regt sich. Die Temperatur fällt schnell, die Einsamkeit wird spürbar.

Je mehr Wasserdampf, Staub und andere Partikel in der Atmosphäre schweben, desto intensiver malt das Streulicht nun Farbspiele an den Himmel. Das Prinzip dahinter: Licht trifft auf Partikel in der Luft und wird dabei je nach Wellenlänge unterschiedlich gestreut. So entstehen Farbtöne von Gold über Purpur bis hin zu tiefem Azurblau. Besonders spektakulär ist dieses Schauspiel nach größeren Vulkanausbrüchen, etwa nach dem Ausbruch des Mount Pinatubo in den 1990er-Jahren, als der Himmel fast surreal anmutete, wie aus einem Science-Fiction-Film.

Kaum ist die Sonne hinter den Berggipfeln im Westen versunken, erscheint am gegenüberliegenden Horizont ein schmaler bunter Bogen, der sogenannte Gegendämmerungsbogen, auch Venusgürtel genannt. Besonders klar zeigt sich dieses Phänomen in großer Höhe und bei reiner Luft. Direkt darunter erkennt man den Erdschattenbogen – ein weiteres

Die Dämmerungsphasen

Die Dämmerung bezeichnet die Übergangsphasen nach Sonnenuntergang und vor Sonnenaufgang. Sie wird in drei Abschnitte unterteilt:

- **Bürgerliche Dämmerung:** Die Sonne steht bis zu sechs Grad unter dem Horizont. Es ist noch so hell, dass man im Freien lesen kann. Erste Sterne werden sichtbar.
- **Nautische Dämmerung:** Die Sonne steht sechs bis zwölf Grad unter dem Horizont. Fixsterne und der Horizont sind erkennbar. Eine Navigation mit klassischen nautischen Instrumenten wie dem Sextanten ist möglich.
- **Astronomische Dämmerung:** Die Sonne steht zwölf bis 18 Grad unter dem Horizont. Der Horizont ist nicht mehr sichtbar, alle Sterne treten hervor. Erst danach beginnt die astronomische Nacht.

Dämmerungsfarben in Richtung Tiroler Oberland, fotografiert vom Kellerjoch in den Tuxer Alpen.
(Canon 7D, 12.11.2011, 24 mm, f/5, 1/125 Sek., ISO 800)

faszinierendes Naturphänomen. Dabei handelt es sich um den Schatten, den die Erde bei wolkenarmen Verhältnissen in die Atmosphäre wirft. Er erscheint als graublauer Streifen über dem östlichen Dämmerungshimmel, klar abgesetzt vom rötlich-violetten Venusgürtel darüber. Während die Sonne tiefer sinkt, wandert der Erdschattenbogen höher, der Venusgürtel verblasst, bis der gesamte Osthimmel in tiefes Blau übergeht. Etwa 30 Minuten nach Sonnenuntergang ist dieses Schauspiel meist beendet. In der Morgendämmerung wiederholt sich das Ganze in umgekehrter Reihenfolge am Westhorizont.

Die Zeit zwischen dem Verschwinden des Venusgürtels und dem Einsetzen der Nacht wird oft als „Blaue Stunde" bezeichnet. Sie beginnt innerhalb der bürgerlichen Dämmerung und reicht bis in die nautische Dämmerung (siehe Kasten auf S. 34). Die Blaue Stunde erstreckt sich damit etwa über jenen Zeitraum, in dem sich die Sonne zwischen vier und acht Grad unterhalb des Horizonts befindet. Dabei würde der zunehmend schrägere Lichteinfall und der damit verbundene längere Weg des Sonnenlichts durch die Erdatmosphäre rein physikalisch eigentlich dazu führen, dass die Luft grünlich-gelb erscheint. Der Grund, warum das menschliche Auge den Himmel dennoch als blau wahrnimmt, liegt darin, dass sich auch der Weg des Lichts durch die Ozonschicht in der oberen Atmosphäre verlängert. Dort werden die längeren rötlichen Lichtwellen absorbiert. Oder ganz einfach gesprochen: Das Blau schafft es abends am besten durch den Lichtfilter namens Ozon. Ohne Ozon gibt es keine Blaue Stunde.

Dem Mystischen dieser Phasen zwischen Tag und Nacht tun all die wissenschaftlichen Erklärungen keinen Abbruch. Und so freue ich mich jedes Mal über das tägliche Farbtheater.

Abendstimmung am zu dieser Tageszeit einsamen Lago Federa mit dem Rifugio Croda da Lago (2046 m) nahe Cortina d'Ampezzo. (Canon 6D, 01.11.2016, 51 mm, f/8, 1/50 Sek. ISO 400)

Von der Weißseespitze in den Ötztaler Alpen lassen sich die kräftigen Farben der Abenddämmerung festhalten.
(Canon 6D, 19.06.2018, 300 mm, f/5.6, 1/20 Sek., ISO 800)

Der Blick von der Gefrorenen Wand hinüber zum Olperer (3476 m) zu verschiedenen Tageszeiten: oben der Sonnenuntergang, unten der Erdschatten genau gegenüber der Sonne etwa 20 Minuten später. Es sind Panoramaaufnahmen mit mehr als 180 Grad horizontaler Ausdehnung. (Canon 6D, 16.07.2017, 24 mm, f/2.8; oben: 1/800 Sek., ISO 400, unten: 1/100 Sek., ISO 800)

Dämmerungsstrahlen am Spieljoch in Nordtirol.
(Canon 5D Mark 3, 02.07.2015, 24 mm, Panoramaaufnahme, f/2.8, 1/60 Sek., ISO 800)

Die ersten Sterne verzaubern die Landschaft um den Salfeiner See südwestlich von Innsbruck; im Hintergrund – und scheinbar auch im Wasser – die Kalkkögel. (Canon 7D, 15.10.2011, 50 mm, f/2.8, 16 Sek., ISO 400)

DIE ERSTEN STERNE

Hätte die Erde keine Atmosphäre, wäre der Himmel auch tagsüber tiefschwarz. Denn ohne die streuende Wirkung der Luftmoleküle und Staubpartikel in der Atmosphäre gäbe es keine Aufhellung des Himmels. Die Sterne wären folglich auch tagsüber mit bloßem Auge sichtbar. So muss man entweder als Astronaut jenseits der Erdatmosphäre unterwegs sein, um Sterne und Sonne gleichzeitig zu erleben – oder in Besitz eines kleinen Teleskops. Mit einem solchen lassen sich mit etwas Erfahrung die hellsten Sterne wie der Polarstern und andere besonders leuchtstarke Sterne auch bei Tageslicht entdecken.

Letztlich ist aber erst mit dem Beginn der nautischen Dämmerung die große Bühne für die Sterne bereitet. Nun können sie sich langsam gegen das verblassende Licht der Sonne durchsetzen. Diese Zeit war einst von großer Bedeutung für die Navigation auf See. Matrosen und Kapitäne nutzten die hellen Sterne zur Bestimmung ihrer Position, allen voran den Polarstern.

Mit Fortschreiten der nautischen Dämmerung, erscheinen nach und nach weitere helle Sterne am Himmel. Im Sommer sind das unter anderem Arktur im Sternbild Bärenhüter, Regulus im Löwen, Wega in der Leier, Deneb im Schwan und Altair im Adler. Im Winter hingegen dominiert Sirius, der hellste Stern am Nachthimmel, im Sternbild Großer Hund. Auch Rigel und Beteigeuze im Orion, Kapella im Fuhrmann und Prokyon im Kleinen Hund treten nun in den Vordergrund.

Mit zunehmender Dunkelheit hebt sich die Milchstraße irgendwann deutlich vom Himmelshintergrund ab. Auch wenn der Himmel noch einen leicht bläulichen Schimmer aufweist, ist dies einer der stimmungsvollsten Momente für Panoramaaufnahmen. Die Milchstraße spannt sich als leuchtendes Rückgrat der Nacht über den Himmel, von Gasnebeln und Dunkelwolken gesäumt, während das verblassende Restlicht der Sonne die darunterliegende Landschaft sanft abdunkelt.

Erst wenn die Sonne mehr als 18 Grad unter dem Horizont steht, erlischt das letzte Streulicht und die astronomische Nacht beginnt.

Zodiakallicht – das leuchtende Staubband des Sonnensystems

In besonders klaren Nächten, bei trockener Luft und in großer Höhe – idealerweise oberhalb von etwa 3000 Metern, lässt sich ein äußerst seltenes und faszinierendes Himmelsphänomen beobachten: das Zodiakallicht. Kurz nachdem die ersten Sterne zu leuchten beginnen, erscheint am noch schwach aufgehellten Westhimmel ein diffuser kegelförmiger

Am Stilfserjoch mit Blick auf den höchsten Berg Südtirols: den Ortler (3905 m). Im Vordergrund die durch vorbeifahrende Autos beleuchteten Lupinen. (Canon 5D Mark 3, 03.08.2015, 24 mm, Panoramaaufnahme, f/2.8, 20 Sek., ISO 6400)

Lichtschein, der schräg in den Himmel aufsteigt. Dieser Lichtkegel entsteht durch Sonnenlicht, das an winzigen Staub- und Gaspartikeln in der Ebene des Sonnensystems gestreut wird. Diese Teilchen von nur 0,001 mm bis 0,1 mm Größe befinden sich im sogenannten Zodiakalband und umkreisen die Sonne gemeinsam mit den Planeten. Obwohl es durchschnittlich nur etwa zehn Partikel pro Kubikkilometer gibt, reicht ihre schiere Menge aus, um das schwache Licht zur Erde zu reflektieren und so das Zodiakallicht zu erzeugen.

Da das Zodiakallicht äußerst schwach ist, sind für eine erfolgreiche Beobachtung ideale Bedingungen nötig: kein künstliches Licht, klare Sicht und ein dunkler, mondloser Himmel. Am besten gelingt die Beobachtung in unseren Breiten im Frühjahr etwa 90 Minuten nach Sonnenuntergang – oder im Herbst vor Sonnenaufgang.

Während ich das Zodiakallicht schon öfter sehen durfte, steht der sogenannte Gegenschein weiterhin auf meiner Liste der unerfüllten Wünsche. Dieser diffuse Lichtfleck, der exakt gegenüber der Sonne am Himmel steht, ist nur bei perfekten Bedingungen in besonders klaren Nächten sichtbar. Er ist für mich ein weiterer Grund, immer wieder hinauszugehen in die nächtlichen Berge.

Die Venus beleuchtet sogar die Wolken am Habicht in den Stubaier Alpen.
(Canon 5D Mark 3, 17.02.2015, 70 mm, f/2.8, 8 Sek., ISO 6400)

Der Große Wagen und der Komet Neowise (links von der Kirchturmspitze) überstrahlen die ersten Sterne über dem Reschensee. (Canon 6D, 28.07.2020, 24 mm, f/3.5, 18 Sek., ISO 3200)

Die Herz-Jesu-Feuer im Stubaital sind ein besonderes Schauspiel. Sie werden immer zur Zeit der ersten Sterne entzündet. (Canon 5D Mark 3, 13.06.2015, 50 mm, f/1.2, 8 Sek., ISO 3200)

Der Himmel über den Geislerspitzen verliert seine blaue Farbe und die Sterne kündigen die kommende Nacht an.
(Canon 5D Mark 3, 26.01.2014, 24 mm, mehrere hochformatige Aufnahmen für das Panorama, f/2.8, à 25 Sek., ISO 6400)

Eine Skispur bei der Sattelbergalm oberhalb des Brennerpasses weist kurz vor Mondaufgang in Richtung Süden zum Wolfendorn. (Canon 5D Mark 3, 29.12.2012, 24 mm, f/3.2, 8 Sek., ISO 3200)

Die letzten Lichter der Dämmerung im Westen bei der Lavaredo-Kapelle unterhalb der Südwände der Drei Zinnen.
(Canon 5D Mark 3, 24 mm, f/2.8, 25 Sek., ISO 3200)

Das einmalige Zodiakallicht (Bildmitte) am Stubaier Gletscher im Frühjahr bei guter Transparenz, aber eisigen Temperaturen.
(Canon 5D Mark 3, 28.03.2020, 24 mm, Panorama, f/2.8, 20 Sek., ISO 5000)

DEN NACHTHIMMEL RICHTIG FOTOGRAFIEREN

Eine mondlose Nacht ist nicht nur eine Spielwiese für Träumer, sondern auch eine echte Herausforderung für Fotografen. Um Sterne und Landschaft sichtbar zu machen, braucht es lange Belichtungszeiten – und ein feines Gespür für Licht. Da sich die Erde unablässig dreht, zeichnen sich Sterne mit einem Weitwinkelobjektiv von 14 mm bereits nach einer Belichtungszeit von etwa 30 Sekunden als kleine Striche auf dem Bild ab. Wer diesen Effekt vermeiden will, greift am besten zu lichtstarken Objektiven mit möglichst kleiner Blendenzahl.
Die Blendenzahl ist ein Verhältniswert: Sie errechnet sich aus der Brennweite des Objektivs und der Öffnung des Objektivs. Ein Beispiel: Ein Weitwinkelobjektiv mit 14 mm Brennweite und einer Blende bzw. Blendenöffnung von 1.4 besitzt eine effektive Öffnung von 14 ÷ 1.4 = 10 mm. Je kleiner die Blendenzahl, desto weiter geöffnet ist die Blende – und desto mehr Licht trifft in derselben Zeit auf den Sensor. Ideal sind Festbrennweiten zwischen 14 und 24 mm mit Blendenwerten von 1.4 bis max. 2.8. In Kombination mit einem modernen, lichtempfindlichen Sensor lassen sich damit sowohl funkelnde Sterne als auch die nächtliche Landschaft stimmungsvoll einfangen.
Alle großen Kameramarken – wie Sony, Canon, Olympus oder Nikon – führen Modelle, die sich hervorragend für Astrofotografie eignen. Ihre Sensoren sind besonders empfindlich für schwaches Licht und liefern auch bei hohen ISO-Werten noch rauschfreie, detailreiche Aufnahmen. Und selbst moderne Smartphones oder Action-Cams sind heute erstaunlich leistungsfähig: Dank spezieller Nacht- oder Astromodi mit intelligenter Belichtung entstehen beeindruckende Himmelsbilder – ganz ohne schweres Equipment. Für fortgeschrittene Astrofotografen sind spezialisierte Kameras mit aktiv gekühlten, hochempfindlichen Sensoren eine interessante Option. Sie werden meist per Tablet, Smartphone oder Laptop gesteuert und liefern selbst bei Langzeitbelichtungen exzellente Ergebnisse. Egal mit welcher Kamera man loszieht: Absolut unerlässlich für alle nächtlichen Aufnahmen ist ein stabiles Stativ. Nur damit lassen sich lange Belichtungszeiten ohne Verwackler umsetzen.
Eine bewährte Formel für die maximale Belichtungszeit, bevor Sternspuren entstehen, ist die sogenannte 500er-Regel: 500 dividiert durch die Brennweite ergibt die maximale Belichtungsdauer in Sekunden. Bei einem 14-mm-Objektiv sind das – 500 ÷ 14 – etwa 35 Sekunden. Bei 50 mm Brennweite bleiben nur rund 10 Sekunden, bevor die Sterne zu Strichen auseinandergezogen werden.
Auch der ISO-Wert spielt eine wichtige Rolle. Moderne Kameras ermöglichen ISO-Werte bis 6400 – häufig sogar noch höher –, ehe das Bild unbrauchbar

Bei langen Belichtungszeiten werden die Sterne zu sogenannten Startrails – so wie hier am Parkplatz der Auronzohütte in den Sextner Dolomiten mit Blick in Richtung Cadini-Gruppe. (Sigma fp, 23.09.2021, 70 mm, f/2.8, 576x5 Sek., gestackt, ISO 6400)

verrauscht. Höhere ISO-Werte hellen das Bild zwar auf, erhöhen aber auch das sogenannte Verstärkerrauschen. Hier lohnt es sich, mit etwas Geduld den besten Kompromiss zwischen Helligkeit und Klarheit zu finden.

Eine weitere kleine Hürde: das Scharfstellen bei Dunkelheit. Viele Kameras verfügen über einen praktischen eingebauten Bildschirm mit Live-View-Funktion und ein klappbares Display. Am besten sucht man sich einen hellen Stern nahe der Bildmitte, schaltet Autofokus und Bildstabilisator aus und stellt den Fokusring auf „unendlich". Da die Unendlich-Markierung oft ungenau ist, empfiehlt es sich, die Schärfe durch minimale Drehbewegungen am Objektiv und Kontrolle am Display fein abzustimmen. Im Live-View kann das Bild vergrößert werden, wodurch sich erkennen lässt, ob die Sterne wirklich punktförmig erscheinen. Noch präziser gelingt das mit einer Bahtinov-Maske. Dieses spezielle Gitter vor dem Objektiv erzeugt markante Beugungsmuster, mit deren Hilfe sich der Fokus mittels Live-View perfekt justieren lässt.

Wer gezielt einzelne Sternbilder oder markante Landschaftsmerkmale hervorheben möchte, greift

Schritt für Schritt zum perfekten Sternenbild

- **Ort:** Wähle einen möglichst dunklen Ort fernab von Lichtverschmutzung (mehr dazu in den beiden letzten Kapiteln des Buches).
- **Planung:** Nutze Apps wie Stellarium (stellarium.org) oder PhotoPills (photopills.com), um Himmelsereignisse vorab zu planen.
- **Komposition:** Achte auf einen spannenden Vordergrund – Felsen, Bäume oder Hütten verleihen dem Bild Tiefe.
- **Stativ:** Ein stabiles Stativ ist die Grundvoraussetzung für jede Nachtaufnahme.
- **Belichtungszeit:** 20 bis 30 Sekunden je nach Brennweite (siehe 500er-Regel, S. 56).
- **ISO-Wert:** Starte mit ISO 800 bis 1600 und passe nach Bedarf an.
- **Manueller Fokus:** Stelle manuell auf „unendlich" und überprüfe die Schärfe mit dem Live-View.
- **Weißabgleich:** Manuell einstellen – im RAW-Format kann dieser später korrigiert werden.
- **Blende:** Öffne die Blende weit (z. B. 1.4 oder 2.8), um möglichst viel Licht einzufangen.
- **RAW-Format:** Fotografiere im RAW-Format für maximale Freiheit bei der Nachbearbeitung.
- **Lichtmalerei:** Mit einer Taschenlampe lassen sich gezielt Details im Vordergrund hervorheben.
- **Startrails:** Erzeuge Sternenspuren durch Serienaufnahmen mit anschließender Stapeltechnik. Olympus bietet diese Option in der Kamera selbst an.
- **Fernauslöser:** Vermeide Verwacklungen mit einem Fernauslöser oder dem Selbstauslöser.
- **Bildbearbeitung:** Passe Kontrast, Farbe und Helligkeit in der Nachbearbeitung gezielt an.

zu Objektiven mit 50 bis 105 mm Brennweite. Je länger die Brennweite, desto kürzer muss allerdings belichtet werden, bevor aus Punkten Striche werden. Diese Striche – sogenannte Startrails – können jedoch auch gezielt inszeniert werden: Dafür werden viele kurz belichtete Bilder nacheinander aufgenommen und am Computer zu einem Gesamtbild gestackt, also übereinandergelegt. So lassen sich beeindruckende Spuren der Erdrotation sichtbar machen. Mit einer lang belichteten Aufnahme ist das so nicht möglich, da die Landschaft dabei überbelichtet wird.

Will man besonders viele Sterne oder die feingliedrige Struktur der Milchstraße einfangen, muss sich die Kamera mit den Sternen mitbewegen. Hier kommt eine Nachführung zum Einsatz. Das ist ein Gerät, das die Erdrotation ausgleicht. Diese sogenannte Montierung muss präzise auf den Himmels-Nordpol ausgerichtet werden. Ein kleiner Motor dreht die Kamera dann synchron zur Erdrotation. Bei längeren Brennweiten (mehr als 300 mm) ist ein Leitfernrohr mit Astrokamera hilfreich: Es hält einen Leitstern im Blick und korrigiert automatisch kleinste Abweichungen.

Ein Getränk verkürzt das Warten auf den Mondaufgang bei Trins im Gschnitztal.
(Google Pixel 8 Pro, 09.06.2025, 7 mm, f/1.7, 1/257 Sek., ISO 21)

Die Erddrehung kann mit einer Kamera leicht sichtbar gemacht werden: eine Einzelbelichtung auf der Bremer Hütte (Stubaier Alpen), kurz genug, um die Sterne scharf erscheinen zu lassen. (Insta Ace Pro, 28.08.2024, 4 mm, f/2.6, 25 Sek., ISO 3200)

Hier wurden mehrere Aufnahmen über einen langen Zeitraum hinweg gestackt (übereinandergelegt), um die Erddrehung sichtbar zu machen. (Insta Ace Pro, 28.08.2024, 4 mm, f/2.6, Startrails aus 758 Aufnahmen à 25 Sek., ISO 3200)

MEIN GOTT, ES IST VOLLER STERNE!

Wer zum ersten Mal bei Neumond und klarem Himmel in den Alpen den Blick hebt, wird förmlich überwältigt: Der Nachthimmel gleicht einem chaotischen, scheinbar grenzenlosen Meer aus Lichtpunkten. Hunderte, Tausende, Millionen von Sternen scheinen da zu leuchten. Aber wie viele Sterne sehen wir wirklich?
Diese Frage stelle ich oft bei Sternwanderungen – und die Antworten sind meist fantastisch. Die Schätzungen reichen von hunderttausend über eine Million bis hin zu einer Milliarde oder gar Billionen Sternen!
In Wahrheit sind es deutlich weniger. Selbst unter einem wirklich dunklen Alpenhimmel lassen sich mit bloßem Auge etwa 3000 Sterne erkennen. Diese Zahl mag zunächst überraschen oder gar enttäuschen. Doch schon diese 3000 Lichter erscheinen dem Menschen in kurzer Zeit als unzählbar und reichen dadurch aus, uns in Staunen zu versetzen.

Sterne, die immer zu sehen sind

Es zeigt sich auch nicht jede Nacht dasselbe Bild am Himmel. Das Firmament ändert sich aufgrund der Bewegung der Erde um die Sonne im Laufe der Jahreszeiten. Manche Sternbilder sind aber das ganze Jahr über zu sehen. Dies sind die sogenannten zirkumpolaren Sternbilder. Zirkumpolare Sternbilder umfassen alle Sternenkonstellationen, die sich zwischen Polarstern und Nordhorizont befinden und niemals untergehen. Je weiter man nach Norden reist, desto mehr Sternbilder sind zirkumpolar. Am Nordpol sind alle Sterne der Nordhemisphäre bei Dunkelheit dauernd über dem Horizont sichtbar.
Es gibt dort weder Auf- noch Untergänge. Von den Polen in Richtung Äquator werden die zirkumpolaren Sternbilder immer weniger. Am Äquator sind alle Sterne des gesamten Himmels im Laufe eines Jahres sichtbar – aber kein Stern bleibt das gesamte Jahr über dem Horizont. Dort gibt es also keine zirkumpolaren Sternbilder.
Zu den zirkumpolaren Sternbildern zählt in unseren Breiten das wohl bekannteste Sternbild überhaupt: der Große Wagen. Mit seinen sieben markanten Sternen, die einen Kasten mit Deichsel bilden, ist er genau genommen nur ein Teil des ausgedehnten Sternbildes Großer Bär. Besonders interessant ist der mittlere Stern der Deichsel, Mizar. Wer gute Augen hat, erkennt direkt neben ihm den schwächeren Alkor. Weitere zirkumpolare Sternbilder und damit ständige Begleiter am Tiroler Nachthimmel sind beispielsweise Kassiopeia (das markante „Himmels-W"), Kepheus, Perseus, der Drache und die eher unbekannte Giraffe – ein unscheinbares Sternbild, das sich in dunklen Nächten entdecken lässt.

Die begehbare Sonnenuhr am Elfer im Stubaital mit dem Schattenstab, der immer auch zum Polarstern zeigt.
(Canon 7D, 05.10.2012, 24 mm, f/2.8, 20 Sek., ISO 6400)

Der Blick vom Brandenburger Haus (3277 m) über den Gepatschferner hinüber zur Weißkugel während Vermessungsarbeiten auf den Gletschern des hinteren Ötztals. (Canon 6D, 15.08.2017, 24 mm, Panoramaaufnahme, f/2.8, 25 Sek., ISO 6400)

Die Milchstraße über den Kalkkögeln bei der Adolf-Pichler-Hütte.
(Olympus EM1 Mark 3, 25.06.2023, 17 mm, Panoramaaufnahme, f/1.2, 15 Sek., ISO 6400)

Die berühmten Drei Zinnen während einer Umrundung bei Nacht.
(Canon 6D, 05.10.2018, 14 mm, Panoramaaufnahme, f/2, 20 Sek., ISO 6400)

Der Wilde Freiger (3418 m) spiegelt sich in einem See unterhalb der Mairspitze in den Stubaier Alpen.
(Canon 5D Mark 3, 23.09.2014, 24 mm, Panoramaaufnahme, f/2, 30 Sek., ISO 6400)

Zugspitze I: Nebelschwaden ziehen behäbig über das Zugspitzeck und werden von den Infrastrukturbauten beleuchtet.
(Canon 5D Mark 3, 13.07.2013, 24 mm, f/2.8, 20 Sek., ISO 6400)

Zugspitze II: Deutschlands höchster Berg, fotografiert vom Seebensee aus. Die Milchstraße berührt den Gipfel und leicht rechts von der Bildmitte strahlt die Andromedagalaxie. (Canon 5D Mark 3, 01.08.2013, 24 mm, f/2.8, 30 Sek., ISO 6400)

Zugspitze III: der Berg vom Ehrwalder Talkessel aus fotografiert. Die Lichter der Landstraße lassen die Bodennebel sehr dramatisch erscheinen. (Canon 6D, 05.04.2019, 24 mm, f/2.8, 25 Sek., ISO 3200)

Die Drei Zinnen vom Paternsattel aus fotografiert. Es ist noch nicht ganz dunkel und die Silhouette des Reliefs hebt sich majestätisch gegen den Himmel ab. (Canon 5D Mark 3, 19.10.2014, 24 mm, f/2.8, 25 Sek., ISO 6400)

Nur 40 Minuten später präsentieren sich die Drei Zinnen in einem völlig anderen Licht: Das Blau des Himmels ist verblasst und die Nacht verschiebt nun alle Farben. (Canon 5D Mark 3, 19.10.2013, 24 mm, f/2.8, 30 Sek., ISO 6400)

Auf dem Grenzübergang Pflerscher Scharte sieht man links das Licht der Gschnitzer Tribulaunhütte in Nordtirol und rechts die Pflerscher Tribulaunhütte in Südtirol. (Sigma fp, 11.07.2021, 14 mm, Panoramaaufnahme, f/1.8, 25 Sek., ISO 3200)

WAS SIND STERNE?

Gerne frage ich bei nächtlichen Beobachtungen meine Freunde und Begleiter auch: „Was sind eigentlich Sterne?" Die Antwort lautet oft: „Na, von der Sonne angeleuchtete Gesteinsbrocken!" Erstaunlich ist, wie hartnäckig sich diese Vorstellung hält.

Tatsächlich sind all die funkelnden Lichter am Nachthimmel eigenständige Sonnen, manche sehr viel größer, andere wiederum kleiner als unsere eigene. Ihre Entfernung zur Erde lässt sie für uns wie winzige Lichtpunkte erscheinen. In Wahrheit sind sie gigantische, glühende Kugeln aus Gas, in deren Innerem gewaltige Energien freigesetzt werden.

Schon ihre Farben verraten viel über ihre Eigenschaften. Sie hängen eng mit der Temperatur und Größe der jeweiligen Sterne zusammen. Es gibt leuchtend blaue Riesensterne mit Oberflächentemperaturen von bis zu 100.000 Grad Celsius, unsere gelblich-weiße Sonne mit etwa 6000 Grad – und kühle, rötliche Sterne, die „nur" rund 3000 Grad heiß sind. Die Farbe eines Sterns verrät also seine Oberflächentemperatur. Das Farbspiel lässt sich dabei gut mit einem glühenden Stück Eisen vergleichen: Es beginnt bei steigender Temperatur rot zu leuchten, wird dann orange, später weißlich – und schließlich bläulichweiß.

Wer nachts in den Himmel blickt, bemerkt außerdem: Die Sterne flackern. Dieses charakteristische Zittern ist kein Zeichen dafür, dass sie selbst unruhig wären, sondern ein durch unsere Atmosphäre erzeugter Effekt. Das Sternenlicht muss auf dem langen Weg zur Erde verschieden temperierte Luftschichten und Strömungen durchqueren, wodurch die Lichtstrahlen minimal abgelenkt werden. Wir nehmen das als Flimmern oder Szintillation wahr. Planeten hingegen flackern kaum, da sie uns im Vergleich als kleine Scheiben erscheinen.

Der kosmische Kreislauf

Doch Sterne sind nicht nur leuchtende und manchmal eben flackernde Punkte. Sie sind Teil eines gewaltigen kosmischen Kreislaufs. Am Himmel finden wir sowohl Kinderstuben der Sterne als auch die Überreste längst vergangener Sonnenleben. Ein Beispiel für einen Ort, an dem neue Sterne geboren werden, ist der Große Orionnebel, eine riesige Gas- und Staubwolke im Sternbild Orion. Dort entstehen fortlaufend neue Sonnen.

Auch die letzten Lebensphasen eines Sterns sind beeindruckend. Sterne mittlerer Größe enden als sogenannte Weiße Zwerge. Von unserer Sonne wird in circa 4,5 Milliarden Jahren – wenn der Wasserstoff als Brennstoff aufgebraucht und die Fusion von Wasserstoff zu Helium nicht mehr möglich ist – nur ein

Das Sternbild Orion geht hinter dem Lichtsee im Obernbergtal auf. Der kühle, rote Beteigeuze und der heiße, blaue Rigel dominieren den Himmel. (Canon 6D, gekühlt, astromodifiziert, 11.11.2020, 50 mm, f/1.4, 5 Sek., ISO 6400)

kleiner glühender Rest übrig bleiben. Massereichere Sonnen hingegen explodieren als Supernova und hinterlassen dabei entweder einen Neutronenstern oder ein Schwarzes Loch – beides Objekte, die unsere Vorstellungskraft übersteigen. Doch dazu später mehr, wenn es in die Tiefen des Universums geht. So erzählen Sterne von der Zeit, der Bewegung und dem Wandel im Universum. Sie sind Zeugen eines Kosmos, der uns mehr lehren kann, als jedes Buch es je vermag.

STERNBILDER UND TIERKREISZEICHEN

Die Sternbilder begleiten die Menschheit seit Anbeginn der Zeit. Schon früh betrachteten die Menschen den nächtlichen Himmel als ein Reich jenseits des Irdischen, in dem sie göttliche Ordnung vermuteten.

Am gesamten Firmament, also über Nord- und Südhalbkugel hinweg, sind heute 88 Sternbilder offiziell anerkannt. Durch zwölf dieser Sternbilder wandert die Sonne im Lauf eines Jahres. Das sind die Sternbilder des Tierkreises. Das eigene Tierkreis- oder Sternzeichen entspricht heute nicht mehr zwingend jenem Sternbild, in dem die Sonne am Tag der Geburt steht. Ein Beispiel: Im Sternbild Löwe befindet sich die Sonne mittlerweile erst ungefähr zwischen dem 11. August und dem 17. September. Wer sein eigenes Sternbild am Himmel sehen möchte, sollte jedenfalls etwa ein dreiviertel Jahr nach dem Geburtstag gegen Mitternacht nach Süden blicken. Dort leuchtet es dann vom Himmel und ist besonders gut zu beobachten.

Am Winterhimmel zeigen sich sechs besonders auffällige Sternbilder in funkelnder Klarheit:

- Orion, der gewaltige Himmelsjäger, wie die Griechen ihn wegen seiner Silhouette mit Schild und Keule nannten, mit den hellen Sternen Beteigeuze und Rigel
- südlich davon der Große Hund mit Sirius, dem hellsten Stern des gesamten Nachthimmels
- nordöstlich der Kleine Hund mit dem markanten Prokyon
- das Tierkreissternbild Zwillinge mit den beiden Sternen Castor und Pollux
- der Fuhrmann etwas weiter nördlich, mit dem hellen Stern Capella
- sowie der Stier mit dem rötlich leuchtenden Aldebaran

Die hellsten Sterne dieser sechs Sternbilder bilden gemeinsam das bekannte Wintersechseck. Auch die Sternbilder Widder, Stier und Zwilling sind dann gut sichtbar.

Im Sommer formt eine weithin sichtbare Figur aus drei hellen Sternen das Sommerdreieck:

- Wega im Sternbild Leier
- Deneb im Schwan
- Altair im Adler

Diese Sommersternbilder werden begleitet vom Bärenhüter mit dem hellen, rötlichen Arcturus, vom großen Sternbild Schlangenträger und dem Herkules. Tief am Südhimmel erkennt man in warmen Nächten auch die Sternbilder Waage, Skorpion und Schüt-

ze. Besonders faszinierend: Im Sternbild Schütze leuchtet der hellste Teil der Milchstraße. Hier blicken wir direkt in das Zentrum unserer Galaxie.
Der Herbsthimmel zeigt weniger auffällige, dafür weitläufige Sternbilder. Hervorzuheben sind Pegasus und die benachbarte Andromeda mit der Andromedagalaxie, die gemeinsam eine riesige Himmelsregion einnehmen. Tief im Süden findet der geschulte Beobachter die ausgedehnten, aus eher schwachen Sternen bestehenden Sternbilder Walfisch und Eridanus, auch „Großer Fluss" genannt. Er bildete in der Mythologie der alten Ägypter die Grenze zwischen dem Reich der Lebenden und dem der Toten. Von den Sternbildern des Tierkreises sind Steinbock, Wassermann und Fische im Herbsthimmel vertreten.
Im Frühling erscheinen schließlich die Sternbilder Krebs, Löwe mit dem hellen Regulus und die Jungfrau mit der strahlenden Spica. Andere markante Frühlingssternbilder sind Rabe und Becher, Sextant sowie die langgestreckte Wasserschlange, das längste Sternbild des Himmels.

Die Namen der Sternbilder

Die meisten Sternbildnamen stammen aus der griechischen Antike, manche haben ihren Ursprung sogar bei den Persern oder Babyloniern. Die Eigennamen der Sterne hingegen wurzeln meist im Arabischen. Der Grund: Während im europäischen Mittelalter die Astronomie stagnierte, wurde sie in der islamischen Welt gepflegt, weiterentwickelt und bewahrt. Ein herausragender Astronom dieser Zeit war Ulugh Beg, der von 1394 bis 1449 in Samarkand lebte. In seinem Observatorium katalogisierte er über tausend Sterne. So tragen viele Sterne heute Namen wie Ras Alhague (Kopf der Schlange) im Schlangenträger, Muhlifain (der Stern, auf den man den Eid ablegt) im Sternbild Zentaur oder Shaula (erhobener Schwanz) im Skorpion.
Würden wir die Sternbilder heute benennen, würden sie vielleicht „Smartphone", „Rennrad" oder „Wasserkocher" heißen. Doch spannender als die Namen selbst sind die Mythen, die sich um sie ranken. Es sind Geschichten aus einer Welt der Götter, Helden und Ungeheuer, die sich im nächtlichen Himmel fortzusetzen scheinen.
Ein in mehreren Mythologien auftretendes Sternbild sind übrigens die Plejaden, auch bekannt als die „Sieben Schwestern". Sie werden im Volksmund oft mit dem Kleinen Wagen verwechselt. Wer genau hinsieht, erkennt oft mehr als sieben Sterne. Im Logo des Autoherstellers Subaru – der japanische Name der Plejaden – sind wiederum nur die sechs hellsten Sterne abgebildet. So verändern sich mit der Zeit langsam die Darstellung und Symbolkraft mancher Sternbilder.

Orientierungshilfen

Um sich als Neuling am Himmel orientieren zu können, helfen heute drehbare Sternkarten oder Apps. Empfehlenswerte digitale Helfer sind Stellarium, SkyView und SkySafari. Analoge Sternkarten gibt es beispielsweise von Oculum, Sirius oder Kosmos. Der Vorteil: Sie funktionieren auch ohne Akku, Netz und Bildschirm.

Am Gschöllkopf (2039 m) im Rofan sind die Milchstraße und die Wintersternbilder am frühen Morgen zu sehen. Wer sieht den Orion? (Canon 5D Mark 3, 25.10.2015, 24 mm, Panoramaaufnahme, f/2.8, 20 Sek., ISO 6400)

Das gleiche Bild wie auf den Seiten 84/85 mit hellen Sternen und den Linien des Sternbildes Orion. Im kegelförmigen Zodiakallicht strahlen auch die Planeten Venus, Jupiter und leicht darunter der rötliche Mars.

Von den Linien zum Sternbild: der Himmelsjäger Orion als hochmütiger Halbgott, hier deutlich mit sichtbarer Keule und dem Löwenfell der Unverwundbarkeit.

Das Sternbild Orion und der Zwilling links davon über den Pistenbullies im Skigebiet Hochfügen.
(Canon 6D, 06.02.2019, 24 mm, f/5.6, 1/40 bis 5 Sek., mehrere Aufnahmen in ein HDR (High Dynamic Range) umgerechnet, ISO 800)

Die Wintersternbilder über dem Achensee mit dem hellsten Stern Sirius (Großer Hund) in der Bildmitte unten, rechts davon das Sternbild Stier, in der Bildmitte oben der Zwilling und darunter der Kleine Hund.
(Canon 6D, 22.11.2019, 14 mm, f/2.2, 15 Sek., ISO 3200)

Das spätwinterliche Skigebiet am Hintertuxer Gletscher im Zillertal, darüber die Milchstraße, erzeugt mit der Freien Software Stellarium. (Vordergrund: Canon 6D, 16.03.2027, 24 mm, Panoramaaufnahme, f/2.8, 10 Sek., ISO 3200)

Erst durch die Verbindung der einzelnen Sterne lassen sich
die Sternbilder schon etwas deutlicher erkennen.

Es benötigt allerdings ein wenig Fantasie, um sich ein echtes Bild machen zu können. Bei den Linien und Sternbildern hilft hier die Freie Software Stellarium. Die hellsten Sterne sind gelb beschriftet.

Die Gipfelstation und die Kuppel der Volkssternwarte am Venet (2512 m) bei Landeck im Sommer. Zwischen der Kuppel und dem hellsten Teil der Milchstraße glänzen hell der Jupiter und – links daneben etwas schwächer – der Saturn.
(Canon 6D, 24.06.2020, 14 mm, Panoramaaufnahme, f/2.2, 25 Sek., ISO 3200)

Sternbilder I: Beim Blick vom Bentlstein in Richtung Gschnitztal sind im Frühling ganz deutlich gewisse Tierkreissternbilder zu sehen – zumindest für Profis. Alle anderen müssen umblättern.
(Canon 6D, 21.05.2017, 24 mm, Panoramaaufnahme, f/2.8, 20 Sek., ISO 6400)

Sternbilder II: Mit Linien kann auch ein Laie womöglich erahnen,
um welche Sternbilder es sich handeln könnte.

Sternbilder III: die nachgezeichneten Figuren der Tierkreissternbilder am Himmel (von rechts): Zwillinge, Krebs, Löwe, Jungfrau, Waage und große Teile des Skorpions.

Skorpion I: das Tierkreissternbild am Himmel von der Valluga aus fotografiert. (Canon 7D, 02.03.2012, Himmel: 50 mm, f/1.4, 30 Sek., mit einer Nachführung; Landschaft: 50 mm, f/1.4, 30 Sek., Komposit aus zwei Aufnahmen)

Skorpion II: die Linien und die Illustration des Tierkreissternbildes für all jene, die links verständlicherweise nur ein paar helle und weniger helle Sterne erkennen.

Kleiner Bär
Luchs
Castor
Pollux
Krebs
Zwilling
Löwe
Kleiner Hund
Prokyon
Wasserschlange
Sextant
Einhorn
Sirius
Großer Hund

Die Sternbilder des Winterhimmels beim Blick Richtung Süden. Im Vordergrund der Große Kaserer in den Zillertaler Alpen. (Vordergrund: Canon 6D, 16.03.2027, 24 mm, Panoramaaufnahme, f/2.8, 10 Sek., ISO 3200; Hintergrund, Sternbildlinien und Symbole wurden erzeugt mit der Freien Software Stellarium.)

Andromeda
Eidechse
Deneb
Pegasus
Schwan
Füchslein
Delphin
Altair
Fische
Fohlen
Wassermann
Steinbock (Ziegenfisch)
Schüt

Gleicher Vordergrund, aber anderer Himmel: So sieht die Tiroler Nacht beim Blick gen Süden im Sommer aus.
(Hintergrund, Sternbildlinien und Symbole wurden erzeugt mit der Freien Software Stellarium.)

MONDNÄCHTE

Natürlich ist nicht jede Nacht an ein und demselben Ort gleich dunkel. Bei Vollmond steht der Mond in Opposition zur Sonne, also von der Erde aus in entgegengesetzter Richtung. Wir sehen dann im Normalfall die vollständig beleuchtete Seite. Für das Sterneschauen ist das eine denkbar ungünstige Phase. Besonders im Winter, wenn der Mond relativ hoch am Firmament zu sehen ist, verleiht sein silbernes Licht der Landschaft jedoch eine geradezu märchenhafte Stimmung. Still und geheimnisvoll wirkt die Bergwelt dann.

Im Sommer wiederum scheint der Mond knapp über die Berge dahinzuziehen. Dadurch bietet sich ein interessanter visueller Effekt: Wenn der Mond in Horizontnähe beispielsweise zwischen den Silhouetten der Berge steht, wirkt er deutlich größer als in seiner Zenitstellung. Dieser Eindruck entsteht allein durch unsere Wahrnehmung und hat nichts mit der Entfernung des Erdtrabanten zu tun. Unser Gehirn vergleicht den Mond mit den Umrissen der Landschaft und lässt ihn am Horizont imposanter erscheinen als hoch oben am Himmel. Für Himmelsbeobachtungen mit Teleskop oder Kamera ist der Vollmond freilich eher ungünstig. Es gibt fast keine Schatten, dadurch auch keine Kontraste und der Mond wirkt flach.

Sein Licht ist so hell, dass es die schwächeren Sterne und selbst viele Nebel und Galaxien überstrahlt. Der Himmelshintergrund wirkt dann fast milchig und detailarm.

Gerade rund um den Vollmond kann dafür ein besonderes Schauspiel auftreten: eine Mondfinsternis. Tritt der Mond dabei komplett in den Kernschatten der Erde ein, spricht man von einer totalen Mondfinsternis. Ist nur ein Teil des Mondes verdunkelt, handelt es sich um eine partielle Finsternis. Voraussetzung ist, dass Sonne, Erde und Mond nahezu exakt auf einer Linie liegen.

Die Launen des Mondes

Selbst bei einer totalen Finsternis wird der Mond nicht einfach schwarz, sondern leuchtet in geheimnisvollen Rot- bis Brauntönen. Der Grund liegt mal wieder in der Atmosphäre der Erde: Durch sie wird das kurzwellige blaue Licht der Sonne in alle Richtungen gestreut. Das langwelligere rote Licht hingegen wird weniger abgelenkt, durchdringt die Erdatmosphäre am Rand und trifft die Oberfläche des Mondes, wo das Licht reflektiert wird. Diese eindrucksvollen Ereignisse treten meist nicht öfter als ein- bis zweimal im Jahr auf und dauern je etwa 90 Minuten.

Der Mond zeigt sich auch nicht jede Nacht zur gleichen Zeit. Täglich verschiebt sich sein Aufgang um

Der noch zunehmende Mond erscheint hinter dem Olperer und wird scheinbar von einem Flugzeug durchschnitten. Fotografiert von Obernberg aus. (Canon 6D, 28.11.2020, 420 mm, f/5.6, 1/1250 Sek., ISO 200)

rund 50 Minuten, während sich mit jedem Tag seine Gestalt leicht verändert – von der zarten Sichel bis zur vollen Scheibe und wieder zurück. Dieser Rhythmus der Mondphasen dauert etwa 28 Tage. So erhebt sich der Mond im Laufe eines Monats an immer neuen Stellen über den Horizont, berührt abwechselnd andere Gipfel und schenkt Fotografen sowie Himmelsbeobachtern immer wieder neue Kompositionen. Bis an Neumond – oder Leermond, wie es in der Schweiz poetisch heißt – der Himmel dunkel bleibt und die Sterne wieder klar hervortreten. Keine Nacht ist wie die andere.

Mondstimmung am Gipfel der Weißseespitze im Rahmen einer Forschungsexpedition mit dem Institut für Interdisziplinäre Gebirgsforschung (IGF). (Canon 6D, 19.06.2018, 14 mm, Panoramaaufnahme, f/2, 6 Sek., ISO 1600)

Partymond: Meine Frau und meine Tochter tanzen im Licht des Fast-Vollmondes am Padauner Kogel. Fotografiert vom Gschnitztal aus. (Olympus EM1 Mark 3, 09.06.2025, 840 mm, f/11, 1/30 Sek., ISO 800, Einzelbild aus einem Video)

Bergmond: Der Vollmond schleicht hinter der Hohen Munde in Nordtirol hervor. Fotografiert von der Tuftlalm bei Lermoos aus (Canon 6D, 07.05.2020, 820 mm, f/11, 1/400 Sek. ISO 800)

Winterliche Mondstimmung am Seelensee im Kaunertal.
(Canon 5D Mark 3, 21.10.2015, 24 mm, Panoramaaufnahme, f/3.2, 15 Sek., ISO 1600)

Der Halbmond vor dem Sternenhimmel im Gschnitztal.
(Sigma fp, 11.03.2022, 1200 mm, f/320, bis 0.8 Sek., zu einem HDR zusammengerechnet, ISO 200)

Die totale Mondfinsternis von Steinach am Brenner aus fotografiert.
(Praktika MTL 5b, 27.10.1996, 1000 mm, f/10, 8 Sek., Kodak E200)

Ein Skifahrer fährt mit seiner Stirnlampe und Unterstützung des Mondlichtes von der Hochtennscharte in den Kalkkögeln ins Tal. (Canon 5D Mark 3, 13.12.2013, 50 mm, f/11, 14x30 Sek., gestackt, ISO 800)

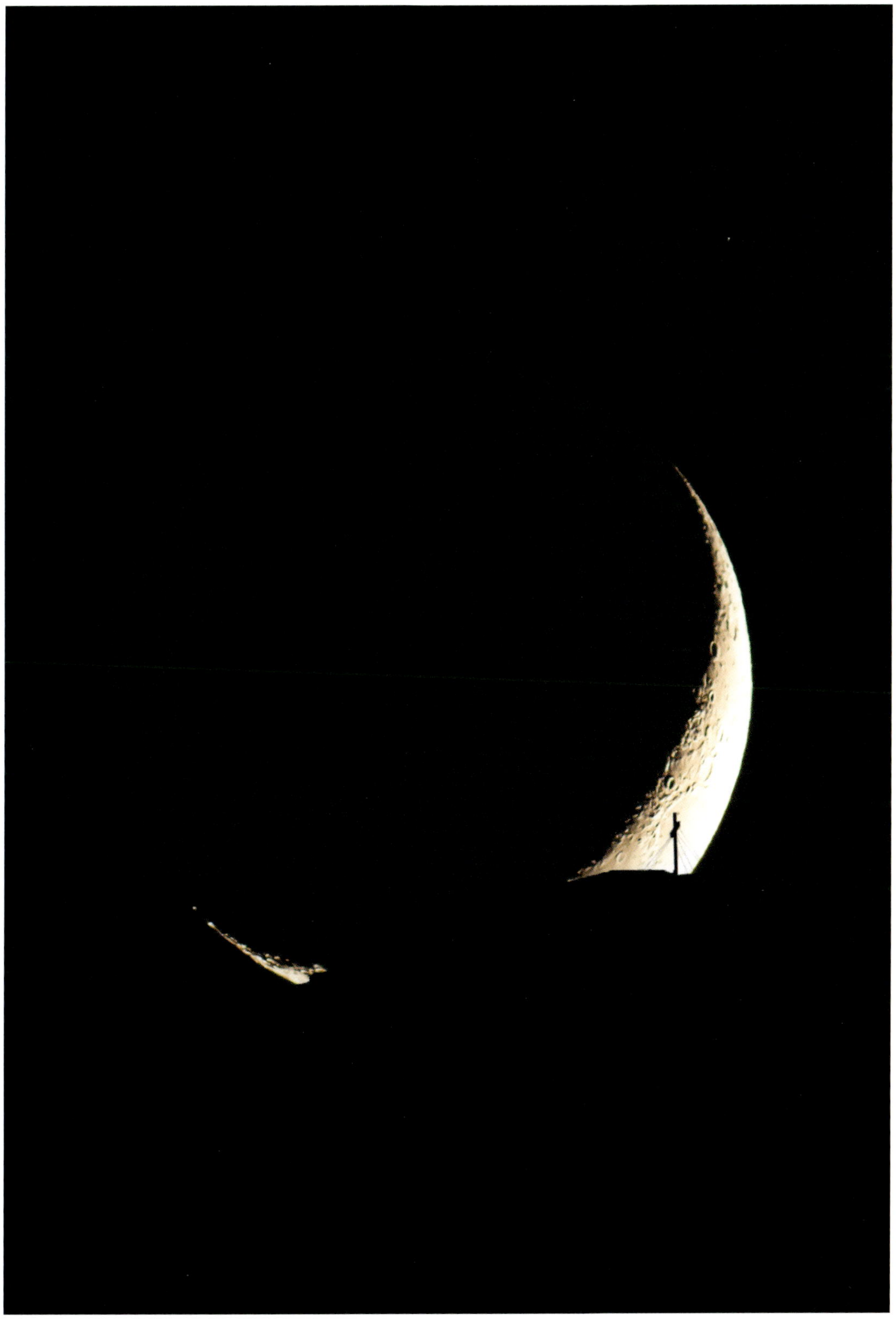

Die schmale Mondsichel versinkt hinter der Serles.
(Canon 6D, 26.04.2020, 840 mm, f/11, 1/2 Sek., ISO 800)

Der fast volle Mond klettert den Kamm zum Olperer hinauf und beleuchtet sanft das Gipfelkreuz.
(Canon 6D, 07.06.2017, 1200 mm, f/8, 1/640 Sek., ISO 800)

Der Wallfahrtsort Maria Waldrast bei Matrei am Brenner im spirituell wirkenden Mondlicht als Schwarz-Weiß-Darstellung.
(Olympus EM1 Mark 3, 17.04.2022, 17 mm, f/2.8, 19 Sek., ISO 200)

Der Mond steigt über das Dach der Kronburg im Tiroler Oberland empor.
(Canon 6D, 03.11.2017, 420 mm, f/5.6, 1 Sek., ISO 400)

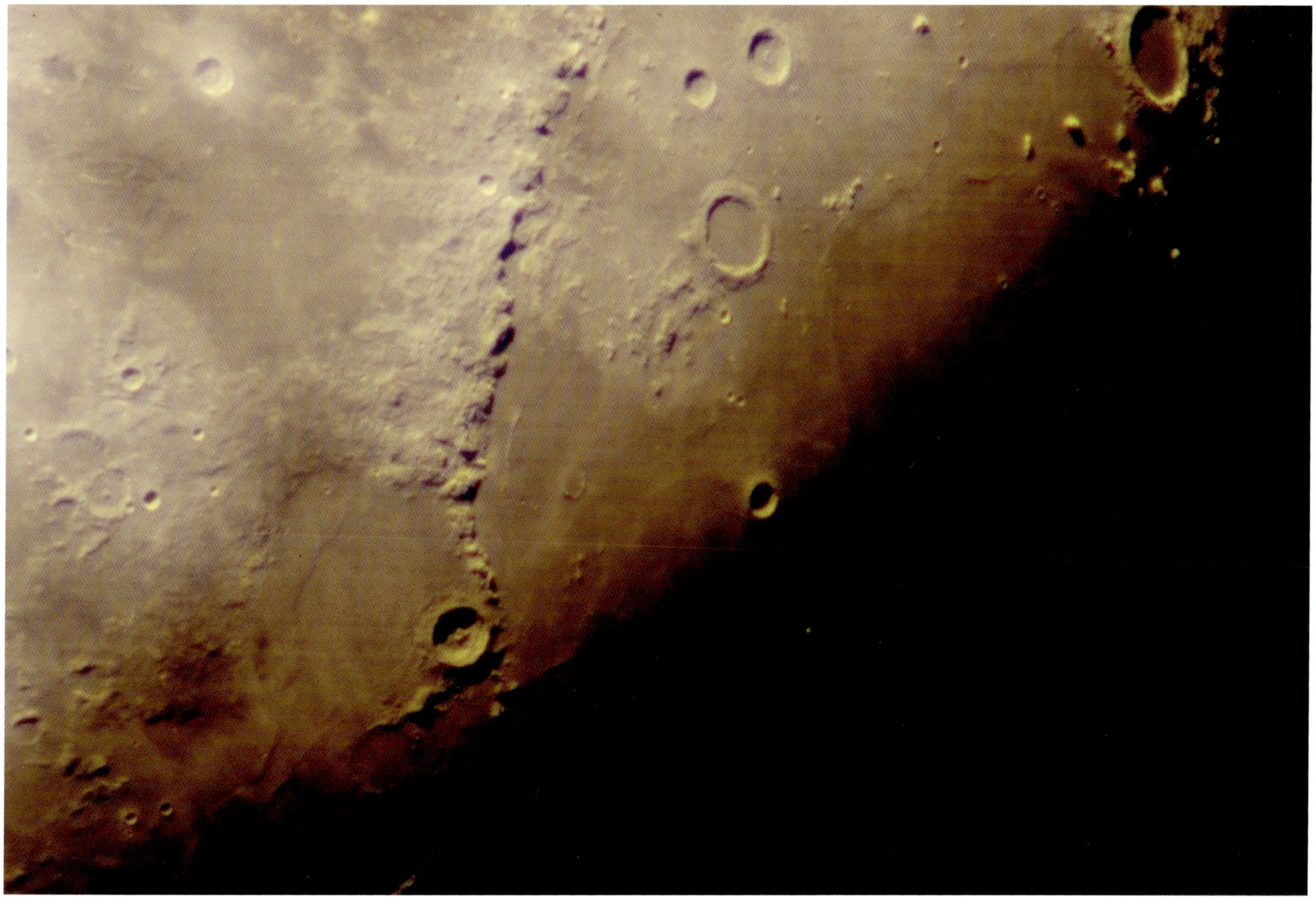

Der Mond im Detail, fotografiert mit der Okularprojektionsmethode mit einem Teleskop.
(Praktika MTL 5b, 13.10.1994, 20.000 mm, 10 mm Okular, f/100, 5 Sek., Fujichrome 100 Diafilm)

Der Blick aufs Ortlermassiv bei Ostervollmond von der Hinteren Schöntaufspitze (3325 m). Der Hochnebel verleiht der Winterlandschaft zusätzlichen Reiz. (Canon 5D Mark 3, 27.03.2013, 24 mm, Panoramaaufnahme, f/3.2, 3.2 Sek., ISO 3200)

DIE PLANETEN

Immer wieder richte ich während meiner nächtlichen Expeditionen den Blick auch auf die Planeten, die sich wie vertraute Begleiter zwischen den Sternen bewegen und am besten durch das Teleskop zu erkunden sind. Ich tue dies meist mit Freunden von meiner kleinen privaten Sternwarte aus.

Im Gegensatz zu den Sternen erscheinen Planeten nicht als punktförmige Lichtquellen, sondern als kleine Scheiben. Somit kann der aufmerksame Beobachter einen ruhigen Planeten von den scheinbar zitternden Sternen unterscheiden. Weil sie auf ihrer Bahn um die Sonne zudem ständig ihre Position verändern, nennt man sie auch Wandelsterne. Manchmal kommt es durch diese Bewegung zu besonders seltenen Erscheinungen, etwa einem Merkur- oder Venustransit. Dann ziehen die Planeten als winzige schwarze Punkte vor der Sonnenscheibe vorbei und erinnern an die Präzision und Schönheit der Himmelsmechanik. Ein fantastisches Schauspiel sind auch Planetenbedeckungen durch den Mond. Ganz selten sind gegenseitige Planetenbedeckungen. Eine echte Planetenbedeckung wie Venus vor Jupiter wird es das nächste Mal im Jahr 2065 geben.

Die braucht es für einen nachhaltigen Eindruck aber gar nicht zwingend: Unvergessen bleibt für mich schon der Moment, als ich zum ersten Mal durch ein Teleskop die Ringe des Saturns sah. Trotz der heute überall verfügbaren perfekten Bilder von Raumsonden und dem Hubble-Teleskop hat dieser Anblick etwas zutiefst Berührendes. Bei ruhiger Luft und gutem Gerät erkennt man sogar, wie die Ringe des Saturn einen Schatten auf den Planeten werfen. Auch die feinen Wolkenbänder und Sturmsysteme auf der Oberfläche werden sichtbar.

Um all das mit einem Foto sichtbar zu machen, sind ein paar Tricks vonnöten. Dabei dient das Teleskop als mächtiges Teleobjektiv: Man entfernt das Kameraobjektiv und montiert die Kamera direkt am Teleskop. So entsteht ein System mit sehr langer Brennweite. Doch das allein genügt nicht. Um die Erddrehung auszugleichen, braucht es eine sogenannte Montierung, die das Teleskop nachführt. Denn bei einer derart extremen Vergrößerung wandert ein Planet schon nach wenigen Sekunden aus dem Gesichtsfeld.

Auch die Luftunruhe – oft auch als Seeing bezeichnet – wird bei langen Brennweiten zunehmend zum Problem. Daher erstellt man am besten ein kurzes Video, welches dann mittels Software in Einzelbilder zerlegt wird. Eine Software sucht dann die schärfsten Aufnahmen heraus und legt sie übereinander. Das nennt man Stacking. Dieser Prozess verlangt besonders in unseren mitteleuropäischen Breiten, wo das Seeing oft wechselhaft ist, allerdings Geduld.

Dass die Venus vor der Sonne vorbeizieht, ist ein sehr seltenes Ereignis. Glück ist, wenn bei bescheidenem Wetter eine kleine Wolkenlücke die Sicht freigibt. (Canon 5D Mark 3, 1000 mm, f/10, 1/4000 Sek., ISO 200)

Besonders offen zeigt sich der Mars: Seine rötliche Oberfläche lässt viele Details erkennen. Mit etwas Glück kann man die Polkappen (bestehen aus Wassereis und Kohlendioxid-Eis) beobachten, wie sie im Wechsel der Jahreszeiten wachsen und schrumpfen. Auch feine Wolken aus Wassereis sind manchmal zu sehen. Und wer genau hinschaut, kann sogar den Olympus Mons entdecken, den mit circa 24.000 Metern Höhe größten Vulkan und höchsten Berg des Sonnensystems.

Sogar mit bloßem Auge sind am Himmel regelmäßig außerdem Merkur (ein allerdings besonders schwieriger Kandidat), Venus, Jupiter und Saturn zu erkennen. Zusammen mit Sonne und Mond ergibt das sieben Himmelskörper. Auf dieser Grundlage teilten die Babylonier die Woche in sieben Tage ein – eine Struktur, die uns bis heute begleitet. Die Wochentage sind im Deutschen allerdings auf die Namen der germanischen Gottheiten zurückzuführen (außer Mittwoch), während die Planeten heute die Namen der römischen Götter tragen. Der Sonntag war der Sonne gewidmet, der Montag dem Mond. Der Dienstag verweist auf den Kriegsgott Mars (*dies Martis*), der Mittwoch auf Merkur. Der Donnerstag ist Donar geweiht, dem germanischen Pendant des Jupiter. Der Freitag gilt der Liebesgöttin Freya, also der Venus und der Samstag, *Saturday* im Englischen, gehört dem Saturn (*dies Saturni*).

Hätten wir weniger sichtbare Planeten, wäre unsere Woche möglicherweise also kürzer.

Eine Annäherung zwischen dem helleren Jupiter und dem rötlichen Mars, von der Plätzwiese in den Pragser Dolomiten aus gesehen. (Canon 6D, 28.12.2017, 50 mm, Panoramaaufnahme, f/2, 4 Sek., ISO 3200)

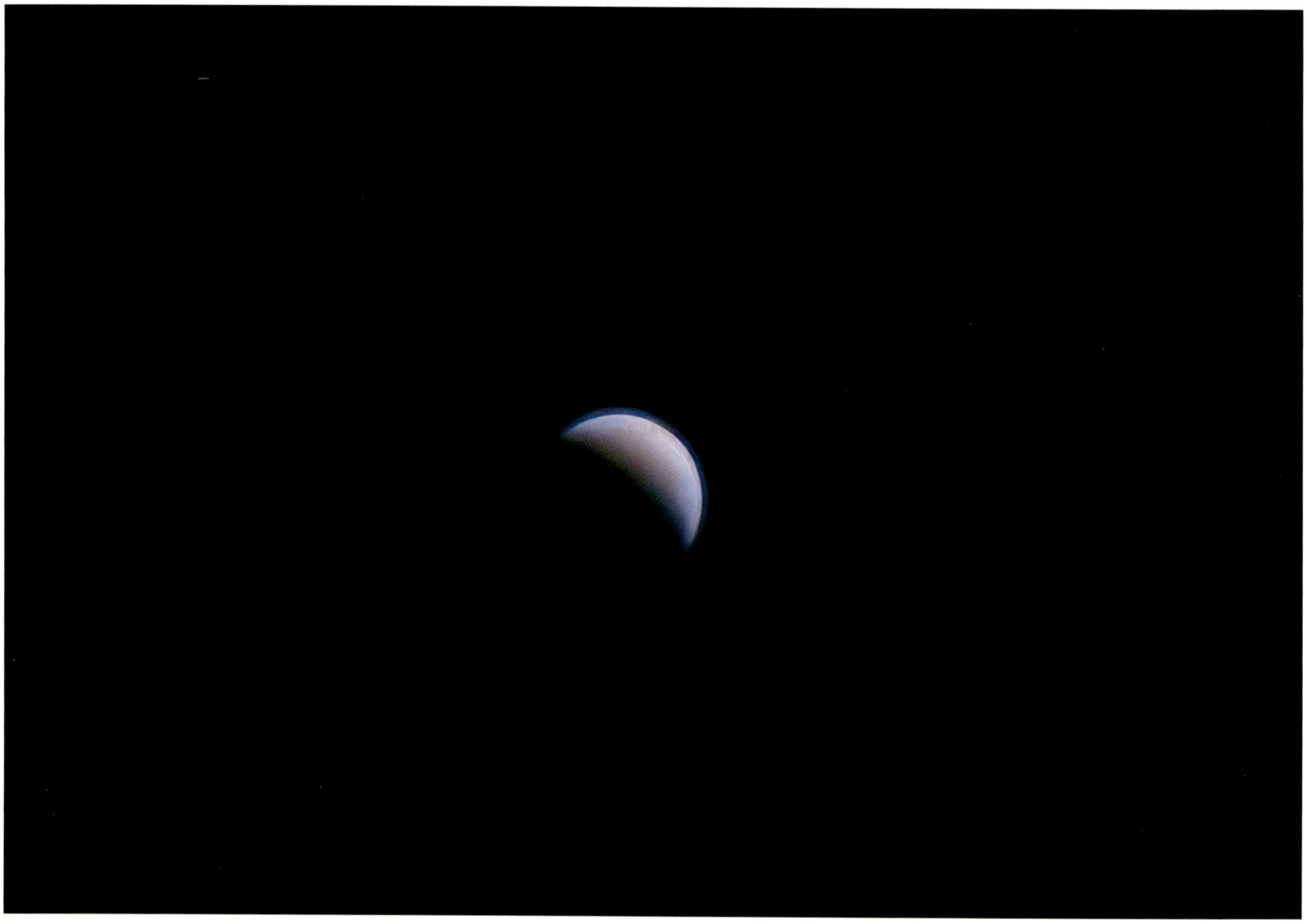

Die Wolken auf der Venus werden nur mit einem UV-Filter sichtbar.
(ASI224mc, 07.04.2020, 2160 mm, Stack aus einem Video)

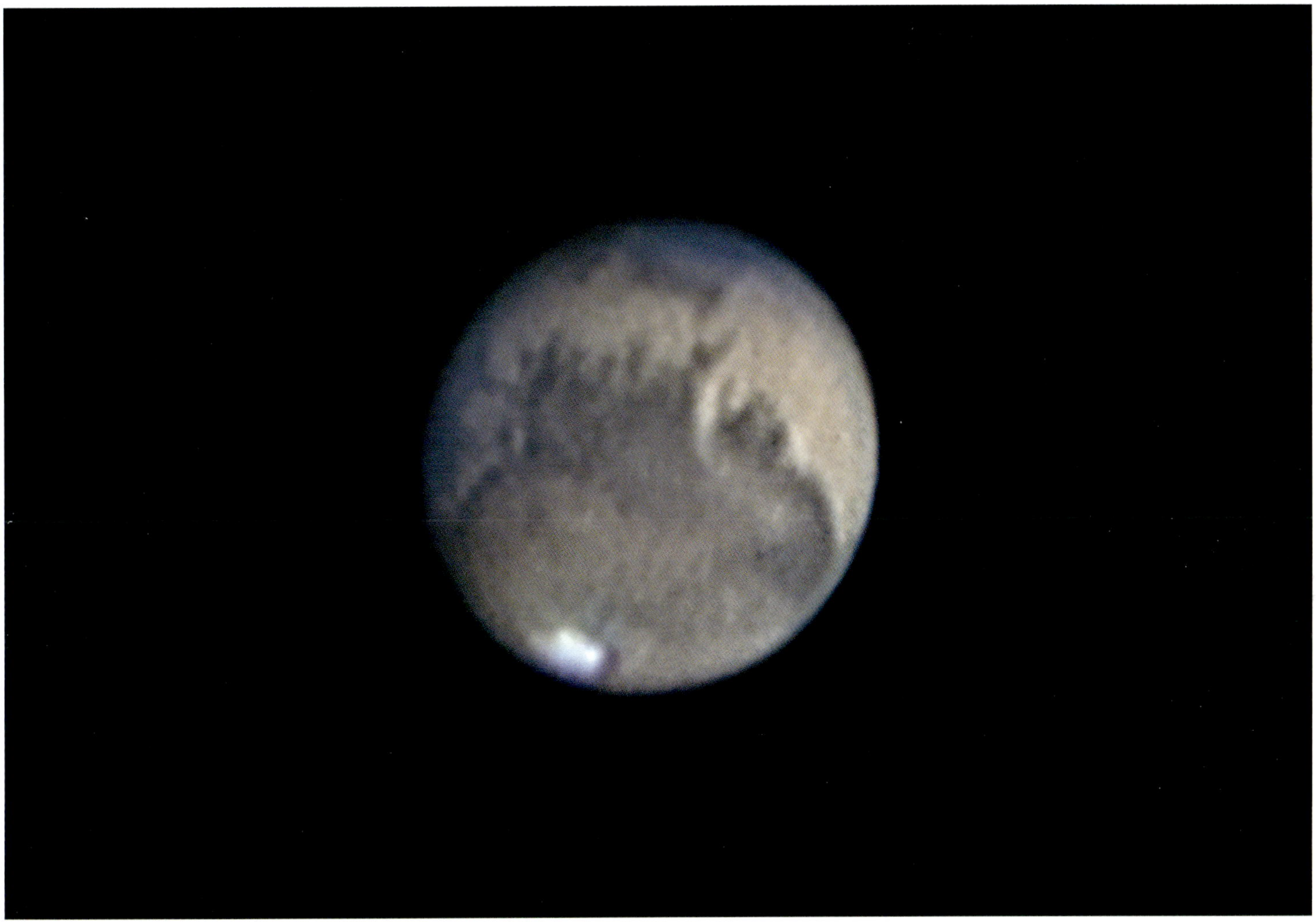

Am Mars mit seinen hellen und dunklen Oberflächenstrukturen lässt sich deutlich das Eis des Südpols erkennen.
(Webcam Philips ToUcam Pro, 26.09.2003, 5000 mm, 1.8x Barlow, IR Passfilter, Stack aus einem Video)

Der Jupiter mit seinen farbigen Wolkenstrukturen und dem berühmten großen roten Fleck – ein gigantisches stürmisches Hochdruckgebiet auf der Südhalbkugel. (QHY5III462C, 09.11.2024, 3600 mm, Stack aus einem Video)

Der Saturn mit seinen majestätischen Ringen ist beim Blick durch das Teleskop ein unvergesslicher Anblick.
(ASI224mc, 10.08.2024, 4950 mm, Stack aus einem Video)

Die Begegnung von Jupiter und Saturn wie hier über den Tribulaunen ist eine der Erklärungen für den Stern von Bethlehem. Damals hat es eine ähnliche sogenannte Konjunktion gegeben. (Canon 6D, 19.12.2020, 100 mm, f/2.8, 3.2 Sek., ISO 6400)

KOSMISCHE BEWEGUNGEN

Der Begriff Fixsterne ist veraltet – und genau genommen falsch. Denn auch Sterne verändern ihre Position. Allerdings werden die Sternbilder, wie wir sie heute am Himmel sehen, sich erst in hunderttausend Jahren derart umgestalten, dass auch Profis sie nicht mehr erkennen. Man könnte auch sagen: Zumindest innerhalb eines Menschenlebens ist durchaus Verlass darauf, dass die Sterne immer da sind, wo sie hingehören.

Andere Erscheinungen in der Nacht hingegen sind deutlich kurzlebiger und gelegentlich abhängig von der Jahreszeit oder den Launen der Sonne. Manche Himmelskörper rasen geradezu durch die Nacht – und lassen sich doch nur alle paar Jahrhunderte blicken.

Kometen

Kometen galten lange als Boten des Unheils. Heute wissen wir: Es handelt sich im Grunde um „schmutzige Schneebälle" aus Eis, Staub und Gestein. Sie sind Überbleibsel aus der Entstehungszeit unseres Sonnensystems.

Kometen umkreisen die Sonne auf oft stark elliptischen Bahnen. Wenn sie ihr nahe kommen, beginnt ihre eigentliche Magie: Ein Teil des Eises verdampft durch die Sonnenwärme, Gase werden freigesetzt, und es entsteht eine leuchtende Koma – der Kopf des Kometen. Vom Sonnenwind wird das Material in den Raum hinausgeweht und bildet den oft spektakulären Schweif, der Millionen Kilometer lang werden kann.

Ich erinnere mich noch gut an meine erste Begegnung mit einem großen Kometen: Hale-Bopp oder C/1995 O1 im Jahr 1997. Ich war noch Student und auf einer Expedition am Hochjochferner in den Alpen. Mit einer analogen Filmkamera fotografierte ich diesen beeindruckenden Himmelskörper. Der Gas- und Staubschweif war mit bloßem Auge zu sehen.

Immer wieder tauchten in den vergangenen Jahrzehnten am Himmel über den Alpen Kometen auf, für die es kein Teleskop brauchte. Einer davon war McNaught, auch C/2006 P1 genannt, der sich sogar am Taghimmel ausmachen und selbst erfahrene Beobachter staunen ließ. Und auch wenn jeder Komet wie eine neue Begegnung mit der Tiefe und Ursprünglichkeit des Kosmos wirkt, blieb Hale-Bopp für mich der eindrucksvollste. Vielleicht, weil es die erste bewusste Begegnung war.

Sternschnuppen

Früher glaubte man, eine Sternschnuppe sei ein Stern, der vom Himmel fällt. Heute weiß man dass

dies schlecht für die Erde ausgehen würde. Die wissenschaftliche Erklärung ist aber nicht weniger faszinierend.
Im All kreisen unzählige winzige Gesteins- und Staubteilchen. Es sind Überreste aus der Frühzeit des Sonnensystems. Viele stammen von Kometen oder zersplitterten Asteroiden. Jeden Tag dringen etwa 100 bis 150 Tonnen dieses kosmischen Materials in die Erdatmosphäre ein. Mit Geschwindigkeiten von meist mehr als 40.000 Stundenkilometern treffen sie auf Luftmoleküle, erhitzen sich durch Reibung und verglühen. Dadurch hinterlassen sie eine leuchtende Spur am Himmel: einen Meteor. Wiegt ein solches Teilchen mehrere Kilogramm und ist groß genug, um den Flug durch die Atmosphäre zu überstehen, landet es als Meteorit auf der Erdoberfläche – oft als eher unscheinbarer Stein, der eine Geschichte aus dem All erzählt.
Zu bestimmten Zeiten durchquert die Erde besonders dichte Ströme dieser Teilchen: sogenannte Meteorströme. Dann regnet es geradezu Sternschnuppen. Besonders bekannt sind die Perseiden im August. Sie stammen vom Kometen Swift-Tuttle. Ihr gemeinsamer Ursprung, der sogenannte Radiant, liegt im Sternbild Perseus.
Ich habe im Laufe der Jahre unzählige Sternschnuppen gesehen und dabei viele Wünsche ins Dunkel des Himmels geschickt. Die meisten haben sich nie erfüllt.

Vorhänge am Himmel

Zu den faszinierenden Himmelsphänomenen über unseren Breiten, die nur bei Dunkelheit und mit etwas Geduld zu sehen sind, gehört das sogenannte Airglow. Auf Deutsch wird es manchmal als Nachthimmelsleuchten bezeichnet. Es handelt sich um ein feines farbiges Leuchten in hohen Atmosphärenschichten, das durch chemische Reaktionen entsteht. Tagsüber ionisieren energiereiche UV-Strahlen Sauerstoff- und Stickstoffmoleküle. Nach Sonnenuntergang rekombinieren diese Teilchen – und geben dabei Licht ab. So entsteht ein zarter, fast geisterhafter Schimmer, der sich wie ein Schleier über den Himmel legt.
Airglow ist sehr lichtschwach und nur an wirklich dunklen Orten wie in Lichtschutzgebieten oder in den abgelegenen Regionen der Alpen sichtbar. Auf Langzeitaufnahmen zeigt es sich als grünliches, gelbliches oder rötliches Leuchten, je nach Höhe und Zusammensetzung der Atmosphäre.
Im Gegensatz zu diesem gleichmäßigen Leuchten sind Polarlichter voller Bewegung und Dynamik: Sie tanzen, wirbeln, flackern. Es sind leuchtende Bögen und Bänder, die in ständigem Wandel über den Himmel gleiten. Sie entstehen, wenn durch starke Sonnenaktivität geladene Teilchen von der Sonne – meist Elektronen und Protonen – mit dem Magnetfeld der Erde in Wechselwirkung treten und dabei in der oberen Atmosphäre Moleküle zum Leuchten anregen.
Normalerweise sieht man Polarlichter nur in hohen geografischen Breiten, also nahe der beiden Pole. Doch in besonders aktiven Jahren, wie zuletzt 2024 und 2025, waren sie sogar über Mitteleuropa sichtbar. Auch über den Süd- und Nordtiroler Alpen hingen in diesen Nächten die farbigen Schleier wie bunte Vorhänge des Himmels.

Der Komet Neowise war im Sommer 2020 eine beeindruckende Erscheinung – besonders auch bei seinem Anflug auf den Wilden Kaiser in Nordtirol. (Canon 6D, 13.07.2020, 24 mm, Panoramaaufnahme, f/3.5, 15 Sek., ISO 3200)

Neowise in einer Darstellung mit deutlich mehr Brennweite als auf den Seiten 138/139. Dadurch sind der Gas- (links) und Staubschweif (rechts) schön zu sehen. (Canon 6D, 13.07.2020, 218 mm, f/5.6, 285 Sek., nachgeführt, ISO 3200)

Der Komet Hale-Bopp war im April 1997 viele Tage mit bloßem Auge zu sehen. Dieses Bild wurde am Hochjochferner in der Nähe der Schutzhütte Schöne Aussicht aufgenommen. (Praktika MTL 5b, 02.04.1997, 200 mm, f/4.5, 5 Min., nachgeführt, Kodak E200)

Lovejoy lässt auf seiner elliptischen Bahn am Himmel die Sieben Schwestern (Plejaden) links liegen.
(Canon 5D Mark 3, 18.01.2015, 200 mm, f/4, 120 Sek., nachgeführt, ISO 1600)

Der Komet Macholz mit einer sehr hellen Koma um den Kern und einem schwachen Schweif.
(Canon 300D, 15.01.2005, 2800 mm, f/11, 180 Sek., nachgeführt, ISO 800)

Willkommenes Photobombing: die Kuppel der Volkssternwarte am Venet im Winter mit einer hellen Sternschnuppe.
(Canon 6D, 15.12.2019, 14 mm, Panoramaaufnahme, f/2, 20 Sek., ISO 6400)

Die Perseiden um den 12. und 13. August sind das wohl bekannteste Sternschnuppenereignis – mit großen Unterschieden bei den Fallraten. Hier eine helle Sternschnuppe am Faltegartenköpfl. (Canon 6D, 12.08.2016, 14 mm, f/2, 20 Sek., ISO 6400)

Hütte, Berge, See, Sternschnuppe – da bleiben eigentlich gar keine Wünsche mehr offen: die Zupalseehütte in Osttirol bei Mondlicht. (Olympus EM1 Mark 3, 25.09.2023, 12 mm, f/2.8, 20 Sek., ISO 3200)

Geheimtipp Geminiden: Der weniger bekannte Sternschnuppenregen Mitte Dezember hat meist deutlich höhere Fallraten als die Perseiden. Aufgenommen am Sellapass. (Sigma fp, 13.12.2021, 14 mm, f/3.5, 5 Sek., ISO 1600)

Das schwer sichtbare Airglow oder Nachthimmelsleuchten, hier nahe dem Lago Limedes, einem dunklen Platz in den Dolomiten. (Canon 6D, 29.09.2016, 24 mm, Panoramaaufnahme, f/2.8, 30 Sek., ISO 6400)

Regenbogenfarben bei Nacht: das komplexe Airglow mit den Farben Gelb, Grün, Blau und Violett am dunklen Jochgrubenkopf im Schmirntal. (Sigma fp, 26.10.2022, 14 mm, f/1.8, 18x25 Sek., gestackt, ISO 6400)

Mehr Nachthimmelsleuchten geht kaum: das Airglow mit allen Farben am dunklen Rinnensee (2648 m) in den Stubaier Alpen. (Canon 5D Mark 3, 06.07.2014, 24 mm, Panoramaaufnahme, f/2.8, 20 Sek. ISO 6400)

Man muss nicht immer hoch hinaus: Ein sehr strukturiertes Airglow, welches auch mit freiem Auge sichtbar war, ließ sich am Parkplatz zur Nösslachhütte fotografieren. (Canon 5D Mark 3, 30.07.2013, 24 mm, f/2.8, 20 Sek., ISO 6400)

Um das Jahr 2024 war die Sonne sehr aktiv, was sogar in unseren Breiten immer wieder zu Polarlichtern führte. Hier ein besonders spektakuläres Exemplar am Penser Joch (2211 m) in Südtirol. (Sigma fp, 11.10.2024, 14 mm, f/2, 8 Sek., ISO 6400)

Die Hütte am Penser Joch mit einem dynamischen Polarlichthintergrund in Richtung Norden.
(Sigma fp, 11.10.2024, 14 mm, f/2, 8 Sek., ISO 6400)

Das Polarlicht über der Nordkette bei Innsbruck war ein seltenes, dafür aber ein erhabenes Schauspiel von Sonnenwind in der Erdatmosphäre. (Olympus EM1 Mark 3, 05.11.2023, 12 mm, f/2.8, 13 Sek., ISO 3200)

IN DIE TIEFE DES UNIVERSUMS

Nicht nur die Planeten und die verschiedenen Himmelskörper in unserem Sonnensystem sind einen Blick durchs Teleskop wert, sondern auch viele andere kosmische Objekte in der Milchstraße. Aufgrund ihrer immensen Größe erscheinen sie flächig. Anders als bei den punktförmigen Sternen sind – zumindest mit einem optischen Instrument – Einzelheiten sichtbar.

Andromeda

Im Sternbild Andromeda befindet sich die einzige Galaxie außerhalb unserer Milchstraße, die man mit bloßem Auge als matten, milchigen Fleck sehen kann (nur bei sehr dunklem Himmel sieht man auch die Galaxie M33): die Andromedagalaxie. Diese Galaxie – katalogisiert als M31 – ähnelt unserer Milchstraße in vielerlei Hinsicht. Galaxien sind riesige, rotierende Scheiben aus Hunderten Milliarden Sternen, die sich spiralförmig um ein zentrales Massenzentrum wie ein supermassereiches Schwarzes Loch bewegen. Hätte unsere Milchstraße den Durchmesser einer Frisbeescheibe, dann wäre die Andromedagalaxie nur etwa zwei Meter entfernt – kosmisch betrachtet also zum Greifen nahe.
Unsere eigene Milchstraße besteht aus etwa 200 Milliarden Sternen. Jeder Stern und natürlich auch jeder Planet, den wir nachts mit bloßem Auge sehen, gehört zu diesem gewaltigen Sternensystem. Bei einem Durchmesser von rund 100.000 Lichtjahren benötigt ein Lichtstrahl 100.000 Jahre, um sie zu durchqueren. Das Licht der Andromedagalaxie ist sogar 2,2 Millionen Jahre unterwegs, bevor es uns erreicht. Wir blicken also nicht nur in den Raum, sondern auch tief in die Vergangenheit.
Recht gut lässt sich die Andromedagalaxie bereits mit einem Fernglas beobachten. Dann passt ihr gesamter Spiralnebel ins Gesichtsfeld. Mit einem Teleskop sind sogar einzelne Sterne und dunkle Staubbänder zu erkennen. Die Andromedagalaxie enthält etwa 400 Milliarden Sterne, also etwa doppelt so viele wie unsere Milchstraße, und sie bewegt sich mit hoher Geschwindigkeit auf uns zu. In etwa einer Milliarde Jahren wird Andromeda so groß erscheinen, dass sie den halben Nachthimmel ausfüllt. Drei weitere Milliarden Jahre später wird sie mit der Milchstraße kollidieren. Dann werden sich die Galaxien zu einer neuen, riesigen elliptischen Galaxie vereinen. Sternenkollisionen sind dabei äußerst selten.
Zum Vergleich: Würde man die Sonne auf die Größe einer Kirsche schrumpfen und mit ihr in Relation auch die Galaxien und Sterne, läge die nächste „Kirsche“ und damit der nächste Stern fast 600 Kilometer entfernt.

Der Kaliforniennebel (links) wird durch einen nahen Stern zum Leuchten angeregt (Emissionsnebel). Rechts im Bild strahlen die Plejaden. (Canon 20Da, astromodifiziert, 25.10.2009, 50 mm, f/5.6, 7x5 Min, gestackt, nachgeführt, ISO 800)

Kugelsternhaufen

Kugelsternhaufen sind dichte, kugelförmige Ansammlungen von bis zu mehreren hunderttausend Sternen. In ihnen ist kaum noch Gas oder Staub vorhanden, daher entstehen dort heute kaum noch neue Sterne. Bislang kennt man etwa 150 solcher Haufen, die wie stille Wächter die Milchstraße umkreisen. Auch bei anderen Galaxien wurden sie nachgewiesen.

Kugelsternhaufen bewegen sich auf weit gestreckten Bahnen um das Zentrum ihrer Heimatgalaxie. Ein besonders schönes Beispiel ist M13 im Sternbild Herkules etwa 25.000 Lichtjahre von uns entfernt. Am dunklen Himmel ist M13 sogar mit bloßem Auge als schwacher Lichtfleck zu erkennen, der erst im Teleskop seine ganze Pracht als glitzerndes, fast sphärisches Sternenmeer entfaltet.

Gasnebel

Gasnebel sind riesige leuchtende Wolken aus Wasserstoff und Helium, die vor allem innerhalb von Galaxien vorkommen – und sie sind so etwas wie die Geburtsstätten im Universum. Denn in ihnen entstehen neue Sterne. Manche Nebel leuchten, weil sie durch die Ultraviolettstrahlung junger Sterne zum Glühen angeregt werden. Andere reflektieren einfach das Licht naher Sterne. Und wieder andere, sogenannte Dunkelnebel, sind nur durch ihre Silhouetten als Schatten vor leuchtenden Hintergründen sichtbar. Im berühmten Sternbild Orion finden sich gleich mehrere der hellsten Gasnebel, die selbst mit kleinen Brennweiten sichtbar sind. Der 1344 Lichtjahre entfernte Orionnebel (M42) lässt sich sogar mit bloßem Auge als zarter nebliger Fleck unter dem Gürtel des Orion erkennen, und zwar genau dort, wo sich sein

„Schwert“ befindet. In ihm entstehen gerade Hunderte neuer Sterne.
In seiner Nähe liegt mit dem Pferdekopfnebel eine markante Dunkelwolke, deren Umriss tatsächlich an einen Pferdekopf erinnert. Er besitzt einen Durchmesser von etwa drei Lichtjahren und enthält die Masse von 27 Sonnen.

Reste von sterbenden Sonnen

Nicht alle Sterne beenden ihr Leben auf dieselbe Weise. Unsere Sonne zum Beispiel wird sich in einigen Milliarden Jahren zunächst zu einem Roten Riesen aufblähen und dann ihre äußeren Schichten ins All hinausschleudern. Zurück bleibt ein kleiner, heißer Weißer Zwerg, eingebettet in einen farbenfrohen planetarischen Nebel. Der Name „planetarisch“ ist dabei irreführend. Mit Planeten haben diese Nebel nichts zu tun. Doch zählen sie mit ihren leuchtenden Farben und symmetrischen Formen zu den faszinierendsten Objekten für Teleskopbeobachter.
Massereichere Sterne haben ein dramatischeres Ende: Sie explodieren in einer Supernova. Der dabei entstehende Nebel kann über Jahrtausende hinweg sichtbar bleiben. Ein berühmtes Beispiel ist der Krebsnebel im Sternbild Stier. Er ist etwa 6200 Lichtjahre entfernt und der Überrest einer Supernova, die im Jahr 1054 sogar am Taghimmel sichtbar war und hell genug leuchtete, um in historischen Chroniken Erwähnung zu finden. Im Zentrum des Nebels rotiert heute ein Neutronenstern – ein winziger, aber unglaublich dichter Überrest, der sich rund 30-mal pro Sekunde um die eigene Achse dreht. Obwohl sein Durchmesser nur etwa 30 Kilometer beträgt, ist seine Masse größer als die der Sonne. Der ihn umgebende Nebel dehnt sich noch immer mit mehr als fünf Millionen Kilometern pro Stunde aus.
Ein anderes eindrucksvolles Beispiel ist der Cirrusnebel (auch Schleiernebel genannt) im Sternbild Schwan. Er befindet sich etwa 2500 Lichtjahre entfernt, stammt von einer Supernova, die sich vor rund 8000 Jahren ereignete, und wirkt wie ein zerfetzter Luftballon. Das liegt an dem komplexen Netz aus leuchtenden Gasfilamenten, das sich auch heute noch weiter ausdehnt. Solche Überreste sind nicht nur ästhetisch faszinierend, sondern auch von grundlegender Bedeutung für die Entstehung neuer Sterne und Planeten. So besteht unsere Erde aus vielen Elementen wie Eisen, Gold oder Uran, die einst im Inneren massereicher Sterne gebildet und bei einer Supernova ins All geschleudert wurden.
Anders ausgedrückt: Unser Planet besteht zu einem großen Teil nur aus Sternenstaub.

Die großen Gasnebel Trifid (oben) und Lagunennebel in der Milchstraße verschwinden hinter der Cadini-Gruppe. Fotografiert vom Parkplatz der Auronzohütte. (Sigma fp, 23.09.2021, 400 mm, f/2.8, 26 Sek., nachgeführt, Dualbandfilter, ISO 6400)

Die Andromedagalaxie ist mit freiem Auge sichtbar und ein lohnendes Objekt für größere Brennweiten.
(Canon 20Da, astromodifiziert, 13.10.2007, 656 mm, f/6.4, 3x2 Min. plus 8x10 Min., nachgeführt, ISO 800)

Das Leo-Triplett im Sternbild Löwe, das aus den drei Galaxien M65, M66 und NGC 3628 besteht, liegt etwa 35 Millionen Lichtjahre von uns entfernt. (Canon 6Da, astromodifiziert, 20.03.2020, 1020 mm, f/6.7, 147x100 Sek., nachgeführt, ISO 1600)

Eine Galaxie von oben betrachtet: M101, Feuerradgalaxie genannt, ist rund 22 Millionen Lichtjahre entfernt und liegt im Sternbild Großer Bär. (Canon 6Da, astromodifiziert, gekühlt, 06.03.2021, 400 mm, f/4, 22x2 Min., nachgeführt, ISO 1600)

Für den großen und hellen Kugelsternhaufen namens M13 im Sternbild Herkules braucht es weder Fernglas noch Teleskop.
(ASI183mc, 27.05.2020, 1200 mm, f/8, 1200x3 Sek.)

Die Plejaden in Nahaufnahme. Dieser Sternhaufen ist etwa 465 Lichtjahre entfernt und enthält ungefähr 400 Sonnen. Wirklich bekannt sind allerdings nur die hellsten sieben. (Canon 20Da, 02.11.2007, 656 mm, f/6.4, 20x4.5 Min., nachgeführt, ISO 1600)

Der Große Orionnebel scheint wie ein Raumschiff auf der Saldeiner Spitze im Lechtal landen zu wollen.
(Canon 6Da, astromodifiziert, 04.04.2021, 1060 mm, f/6.7, 12x30 Sek., nachgeführt, ISO 6400)

Der Orionnebel ist ein großes Stern-Entstehungsgebiet im Sternbild Orion und schon mit bloßem Auge im Schwert des Orion zu sehen. (Canon 6Da, astromodifiziert, 18.02.2020, 1200 mm, f/8, 110x30 Sek., nachgeführt, ISO 1600)

Der Rosettennebel ist ein circa 5000 Lichtjahre entfernter Emissionsnebel. Der Sternhaufen in der Mitte regt das Gas zum Leuchten an. (Canon 6Da, astromodifiziert, gekühlt, 02.03.2021, 400 mm, f/2.8, 59x30 Sek., nachgeführt, ISO 6400)

Der Pferdekopfnebel im Sternbild Orion hebt sich als Dunkelnebel mit seiner unverkennbaren Form eindrucksvoll vom hellen Emissionsnebel ab. (Canon 6Da, astromodifiziert, 24.02.2020, 1200 mm, f/8, 58x60 Sek., nachgeführt, ISO 1600)

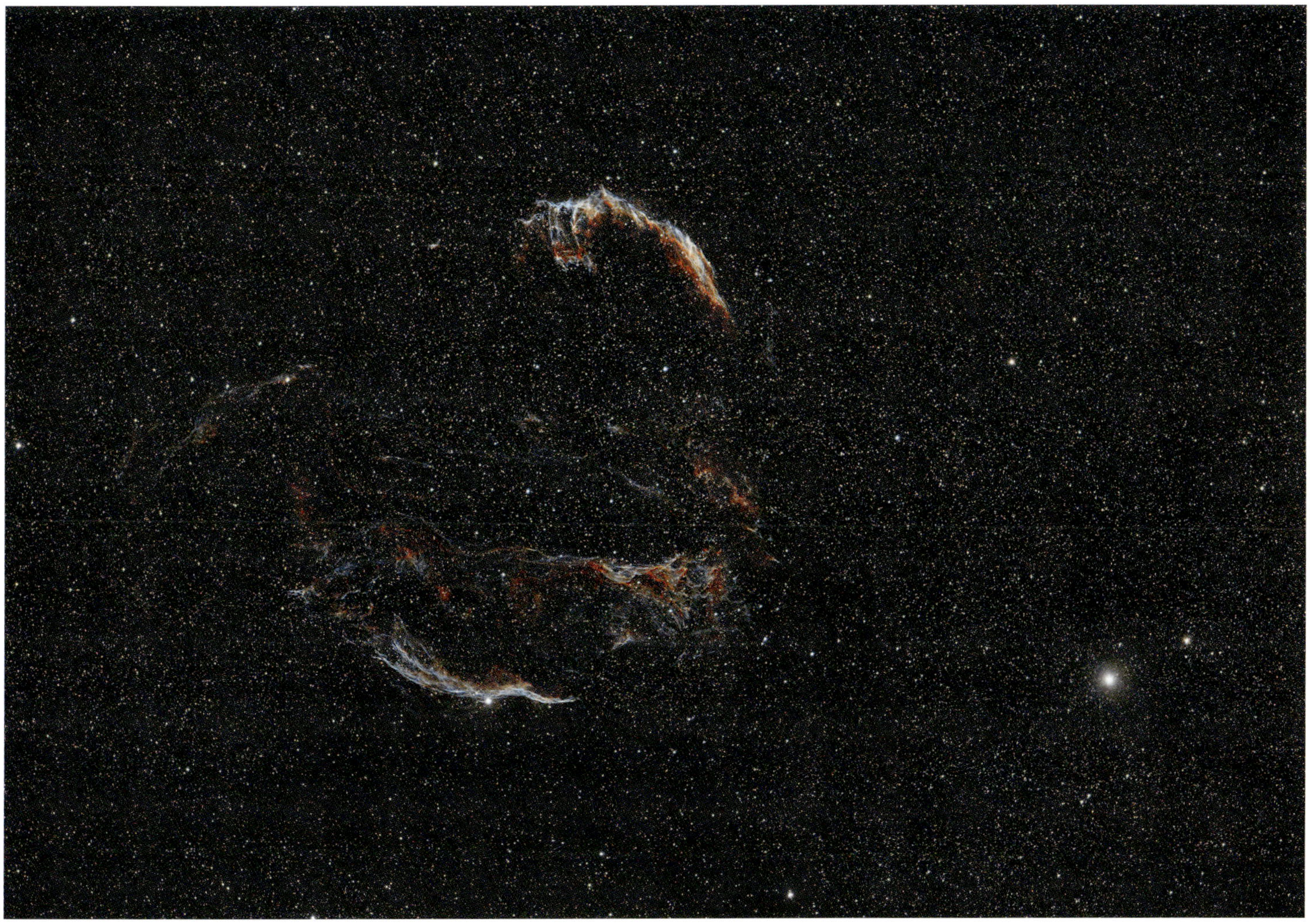

Der Cirrusnebel im Sternbild Schwan ist ein Überrest einer Supernovaexplosion, die vor rund 8000 Jahren stattfand. **Die Entfernung beträgt 2500 Lichtjahre.** (ASI2600mc, 02.11.2024, 200 mm, f/2.8, 31x300 Sek., nachgeführt)

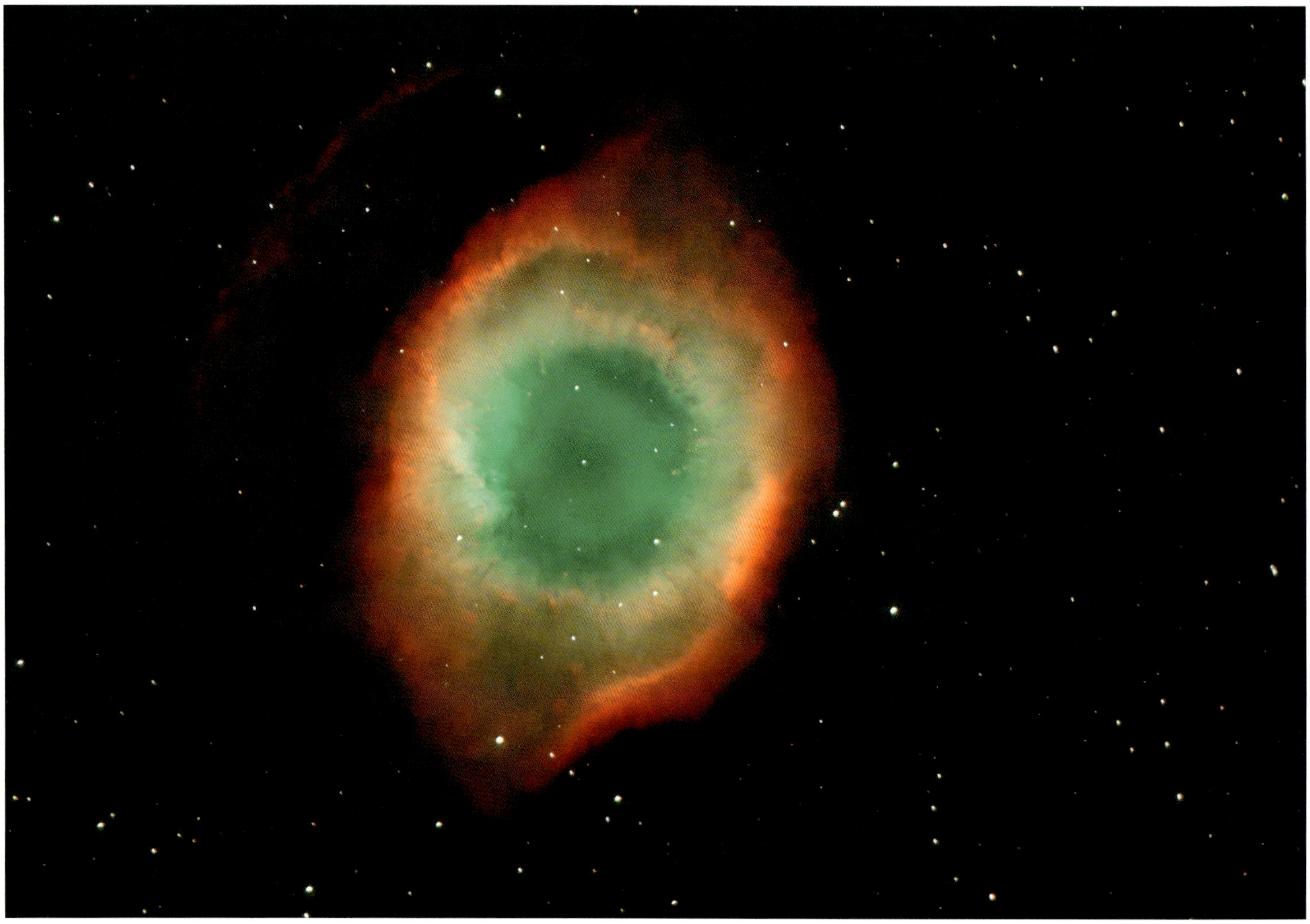

Der prächtige Helixnebel, auch das Auge Gottes genannt, liegt nur knapp 700 Lichtjahre entfernt im Sternbild Wassermann. Als ein Stern in der Schlussphase des Lebens stößt er seine äußere Hülle ab.
(ASI2600mc, 12.10.2023, 1400 mm, f/4, 15x5 Min, nachgeführt)

Wie der Helixnebel ist auch der etwas weiter entfernte Hantelnebel im Sternbild Pfeil ein planetarischer Nebel. Er hat vor 10.000 Jahren seine äußere Hülle abgestoßen.
(ASI2600mc, 27.07.2023, 10x300 Sek., nachgeführt)

LICHTVERSCHMUTZUNG

Kaum jemand kann sich heute noch vorstellen, wie dunkel die Nächte früher wirklich waren. In den Alpentälern beispielsweise lebten viele Menschen bis weit ins 20. Jahrhundert hinein ohne Strom. Nur das schwache Licht von Petroleumlampen, Kerzen oder dem Mond erhellte dort die Dunkelheit.

Heute leuchten Europa und Nordamerika greller als alle anderen Kontinente. Zwei Drittel der dort lebenden Menschen erleben nie mehr einen wahrhaft dunklen Himmel. In Städten sind meist nur die hellsten Sterne zu sehen. Wer jedoch das Gefühl einer Sternenfülle erleben möchte, wie man es aus einem Planetarium kennt, muss mindestens 2000 Sterne mit bloßem Auge erkennen können. Unter optimalen Bedingungen sind sogar bis zu 3500 Sterne sichtbar – ein überwältigender Anblick. Die Alpen bieten glücklicherweise weiterhin einige dieser selten gewordenen Orte, an denen die Nacht noch dunkel ist. Aufnahmen aus dem All illustrieren dies eindrucksvoll.

Doch selbst in Tirol, mitten in den Bergen, muss man solche Plätze gezielt suchen und manchmal weite Wege auf sich nehmen, um sie zu finden. Denn auch hier wird die Lichtverschmutzung immer mehr zum Problem: Straßenbeleuchtung, Siedlungswachstum, Tourismusinfrastruktur; die Liste der neuen Lichtquellen ist lang. Besonders im Winter beeinträchtigen die hell erleuchteten Skigebiete die Nachtsicht erheblich – auch wenn deren Beleuchtung in der Regel zwischen 22 und 23 Uhr abgeschaltet wird. Hinzu kommen weit abstrahlende Siedlungsräume, deren Lichter nie erlöschen. Von fast jedem Gipfel im Bezirk Innsbruck-Land ist die Lichtglocke der Landeshauptstadt sichtbar. In den Stubaier Alpen oder den Dolomiten reicht der Lichtschein der Poebene – besonders der Großstadt Mailand – bis in den Himmel. Und im Norden nimmt die Lichtverschmutzung durch München Jahr für Jahr zu.

Immerhin gibt es Hoffnung. Denn immer mehr Menschen erkennen den Wert der natürlichen Dunkelheit. Regionale und internationale Initiativen setzen sich dafür ein, den Nachthimmel zu schützen. Slogans wie „Rettet unseren Sternenhimmel“ oder „Rettet die Nacht“ stehen sinnbildlich für ein wachsendes Bewusstsein. Dass der Sternenhimmel nicht nur ein ästhetisches Erlebnis darstellt, sondern auch einen schützenswerten Teil unserer natürlichen Umwelt, spiegelt sich auch in einer bemerkenswerten UNESCO-Deklaration wider:

> „Ein unverschmutzter Nachthimmel, der den Genuss von und die Kontemplation unter dem Firmament gestattet, muss als unveräußerliches Menschenrecht betrachtet werden – vergleichbar

Die Hängebrücke bei der beleuchteten Burg Ehrenberg und der nahe Ort Reutte nehmen den Sternen viel von ihrem Glanz.
(Canon 5D Mark 3, 31.10.2015, 24 mm, f/2.8, 5 Sek., ISO 3200)

mit anderen ökologischen, gesellschaftlichen und kulturellen Grundrechten."

Die institutionelle Manifestation solcher Absichtserklärungen sind die Sternenparks. Derartige Schutzgebiete für die Nacht gewinnen immer mehr an Bedeutung. Im April 2021 wurde mit dem Sternenpark Attersee-Traunsee der erste seiner Art in Österreich eröffnet, offiziell anerkannt von der International Dark-Sky Association (IDA). Ziel ist es, die natürliche Dunkelheit zu bewahren und den Blick in die Sterne wieder möglich zu machen.
Weitere Initiativen entstehen, so etwa im geplanten Sternenpark Dreiländereck, der sich über Teile der Steiermark, Niederösterreichs und Oberösterreichs erstrecken soll. Beteiligt sind unter anderem die Nationalparks Kalkalpen und Gesäuse, das Wildnisgebiet Dürrenstein-Lassingtal sowie die Naturparke Eisenwurzen und Ötscher-Tormäuer. In Tirol wiederum gibt es Bemühungen, den Naturpark Kaunergrat zwischen Pitztal und Kaunertal als eine der dunkelsten Regionen des Landes zu bewahren und das Bewusstsein für Lichtverschmutzung zu schärfen. Eines wird jedenfalls deutlich: Dunkelheit ist längst keine Selbstverständlichkeit mehr. Umso wichtiger ist es, diese wenigen noch intakten Orte zu schützen, damit auch zukünftige Generationen den Sternenhimmel in seiner ganzen Schönheit erleben können.

Die Volkssternwarte Max Valier in Gummer wird im Winter von den Scheinwerfern der Skigebiete im Eggental bis etwa 23 Uhr festlich beleuchtet. (Canon 5D Mark 3, 15.02.2013, 24 mm, Panoramaaufnahme, f/3.2, 20 Sek., ISO 2000)

Eine Skitour auf das Nösslachjoch kurz vor Eintritt der Dunkelheit und noch ohne Beleuchtung des nahegelegenen Skigebiets Bergeralm. (Canon 5D Mark 3, 28.12.2013, 24 mm, Panoramaaufnahme, f/3.5, 20 Sek., ISO 6400)

Kurze Zeit später sind die Lampen des Skigebiets eingeschaltet. Nun bietet sich eine völlig andere Szenerie.
(Canon 5D Mark 3, 28.12.2013, 24 mm, Panoramaaufnahme, f/4, 20 Sek., ISO 6400)

Die Sonnwendfeuer im Stubaital, fotografiert von der Aussichtsplattform Stubai-Blick. Die Wolken links werden von der Stadt Innsbruck illuminiert. (Canon 5D Mark 3, 16.06.2012, 24 mm, Panoramaaufnahme, f/3.2, 20 Sek., ISO 1600)

Selbst auf Bildern der Cadini-Gruppe in den Dolomiten ist die Lichtglocke der östlichen Poebene zu sehen.
(Canon 6D, 07.05.2016, 24 mm, Panoramaaufnahme, f/2.8, 6 Sek., ISO 6400)

Auch Lichter der Gemeinden des Grödner Tals beleuchten die tiefliegenden Gewitterwolken.
Fotografiert auf der Seceda (2519 m). (Canon 5D, 17.06.2018, 50 mm, f/2, 8 Sek., ISO 3200)

Die Lichtglocke von Innsbruck schwächt den Bogen der Milchstraße auch in einer Entfernung von 15 Kilometern **noch deutlich ab.** (Canon 5D Mark 3, 20.03.2016, 24 mm, Panoramaaufnahme, f/2.8, 5 Sek., ISO 3200)

Selbst eine einzige Lichtquelle in den Ötztaler Bergen wie hier an der Masebenhütte im Langtauferer Tal reicht aus, um die Wirkung der Sterne abzuschwächen. (Canon 6D, 11.10.2018, 14 mm, Panoramaaufnahme, f/2, 20 Sek., ISO 6400)

Das Lichtermeer von Innsbruck, gesehen vom Patscherkofel (2246 m) aus. Die Lichtverschmutzung ist unübersehbar. Die Sterne werden zunehmend ausgeknipst. (Canon 7D, 27.12.2011, 50 mm, f/2.8, 15 Sek., ISO 1600)

DIE VERMESSUNG DER FINSTERNIS

Um die Dunkelheit des Himmels messbar zu machen, entwickelte der US-amerikanische Astronom John Bortle eine Skala, die weltweit Anwendung findet. Mit ihrer Hilfe lässt sich bestimmen, wie stark ein bestimmter Ort durch künstliches Licht beeinträchtigt ist. Die Skala reicht von Klasse 1 (völlige Dunkelheit) bis Klasse 9 (hell erleuchtete Innenstadt). Ein zentrales Maß ist die sogenannte Grenzgröße (mag), also die Helligkeit des schwächsten noch sichtbaren Sterns. Dabei gilt: Je niedriger der mag-Wert, desto heller der schwächste sichtbare Stern. Bei einem hohen mag-Wert sind auch weniger helle Sterne gut sichtbar.

Bortle-Klasse 1: extrem dunkler Himmel (z. B. Wüstengebiete, in Tirol nicht vorhanden), Grenzgröße: 8,0–7,6 mag. Zodiakallicht und Gegenschein sind deutlich erkennbar, Airglow sichtbar. Die Milchstraße wirft sogar Schatten.
Bortle-Klasse 2: sehr dunkler Himmel (z. B. Hochgebirge, Venedigergruppe, Rieserfernergruppe, Ahrntal), Grenzgröße: 7,5–7,1 mag. Zodiakallicht ist auffällig, die Milchstraße erscheint stark strukturiert. Die Dreiecksgalaxie M33 ist mit bloßem Auge sichtbar.
Bortle-Klasse 3: ländliche Region (z. B. Teile des Zillertals, Kaunertal, Ötztaler Alpen, nördliche Sarntaler Alpen, Ortlergebiet), Grenzgröße: 7,0–6,6 mag. Zodiakallicht sichtbar, erste Lichtverschmutzung am Horizont, Milchstraße noch deutlich strukturiert.
Bortle-Klasse 4: Übergangsbereich Land/Vorstadt (z. B. Steinach am Brenner), Grenzgröße: 6,5–6,1 mag. Die Milchstraße verliert an Struktur, M33 ist kaum noch zu erkennen, Horizont bereits merklich aufgehellt.
Bortle-Klasse 5: Vorstadtbereich (z. B. Innsbruck und Meran), Grenzgröße: 6,0–5,6 mag. Milchstraße nur noch schwach, Zodiakallicht kaum erkennbar, Wolken erscheinen heller als der Himmel.
Bortle-Klasse 6: helle Vorstadt (z. B. Innenstadt Bozen), Grenzgröße: 5,5–5,1 mag. Die Milchstraße ist nur noch als fahles Band nahe des Zenits zu erahnen, der Himmel erscheint grauweiß.
Bortle-Klasse 7: Stadtrand (z. B. Innenstadt München), Grenzgröße: 5,0–4,6 mag. Der Himmel ist hellgrau, Wolken sind angestrahlt, Sterne nur spärlich sichtbar.
Bortle-Klasse 8: Stadtgebiet (z. B. Teile von Großstädten der Po-Ebene wie Turin und Mailand), Grenzgröße: 4,5–4,1 mag. Sternbilder wirken lückenhaft, der Himmel ist orangefarben, Zeitunglesen im Freien ist möglich.
Bortle-Klasse 9: Innenstadt (z. B. Teile von Großstädten der Po-Ebene wie Turin und Mailand),

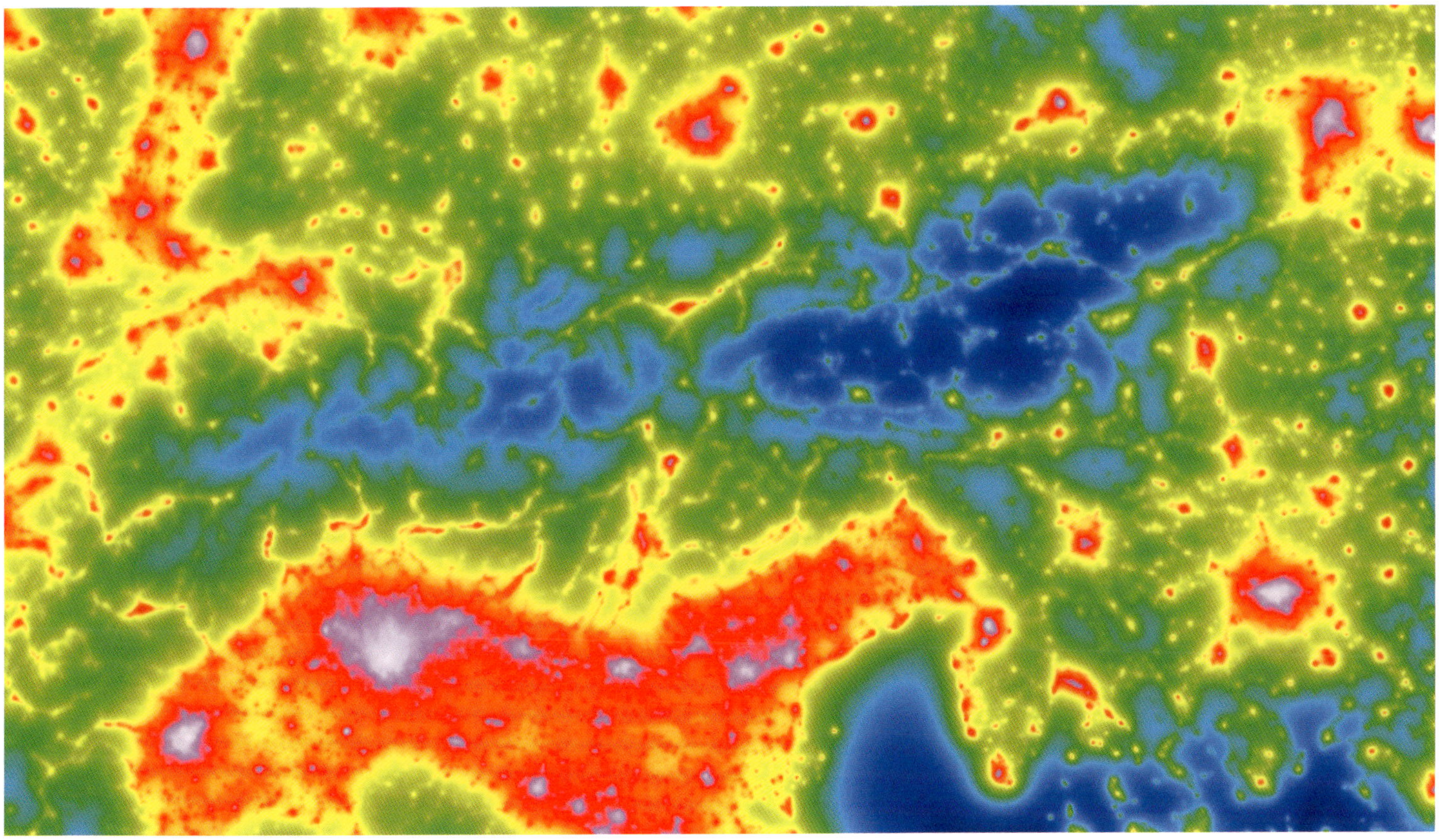

Auf der Karte von *www.lightpollutionmap.info* wird die Sonderstellung der Alpen und der Po-Ebene deutlich.

Grenzgröße: unter 4,0 mag. Nur die hellsten Sterne und Planeten sind sichtbar, der gesamte Himmel ist von Licht erfüllt.

Wer sich einen Überblick über die dunkelsten und hellsten Orte verschaffen will, dem sei die interaktive Website *www.lightpollutionmap.info* empfohlen. Die darin enthaltenen Angaben wurden unter anderem mithilfe von Satellitenmessungen erhoben. Dadurch weichen die Kartenwerte an manchen Orten teilweise deutlich von den tatsächlichen Bedingungen ab. Auch ist die Klassifizierung nicht immer trennscharf und gelegentlich verwirrend, weshalb derartige Websites durchaus in der Kritik stehen. Gewisse Ungenauigkeiten entstehen ferner bei der Übersetzung aus dem Amerikanischen dadurch, dass die Städte in den USA andere Größenordnungen besitzen. Deshalb landet Innsbruck in der für den Vorstadtbereich typischen Bortle-Klasse 5.
Die Karte unterstützt aber bei einer ersten Einschätzung, wo sich gute Plätze für eine Beobachtung finden lassen. Um die wirklich besten, also dunkelsten Standorte zu finden, braucht es auch in diesem Fall mal wieder vor allem: Erfahrung.

DIE RÜCKKEHR DER SONNE

Eine Nacht in den Bergen ist ein Erlebnis, das sich tief ins Gedächtnis einprägt. Der Blick auf den sternenübersäten Himmel, eingerahmt von den dunklen Silhouetten der Gipfel, erzeugt eine erhabene Mischung aus Staunen und innerer Stille. In solchen Momenten scheint die Zeit stillzustehen, das Rauschen der Welt verstummt, und man wird eins mit der Nacht.

Doch irgendwann, oft unbemerkt, kriecht die Müdigkeit heran. Die Konzentration lässt nach, die Hände werden kälter, die Kreativität ebbt ab. Der Reiz neuer Motive weicht der Sehnsucht nach Wärme und Schlaf. Meist krieche ich irgendwann zwischen zwei und vier Uhr morgens in meinen Schlafsack. Es ist die Zeit, in der die Nacht in ihrer tiefsten Schwärze liegt, aber der Morgen noch fern scheint – eine Art Zwischenreich, das ich scherzhaft die Mordor-Zeit nenne.

Abhängig von Jahreszeit und Himmelskonstellation stehe ich zwischen vier und sechs Uhr wieder auf, manchmal auch nur deshalb, um auf die Toilette zu gehen. Oft bleibe ich dann gleich wach. Besonders im Frühjahr spannt sich die Milchstraße als eleganter Bogen über den Horizont. Sternbilder, die am Abend noch unter dem Horizont lagen, kommen nun ins Bild. Manchmal steigt der Mond hinter einem fernen Kamm empor, schwerfällig wie ein träger Riese.

Bald setzt die Dämmerung ein. Im Sommer und im Winter dauert sie deutlich länger als im Herbst und Frühjahr. Der Übergang von der Nacht zum Tag vollzieht sich spiegelbildlich zur Abenddämmerung: Die Sterne verlieren ihre Strahlkraft, zuerst im Osten, wo ein zartes Leuchten als Vorbote des neuen Tages über die Bergkämme steigt. Der Mond kann je nach Phase noch blass am Himmel stehen. Wer geübt ist, entdeckt manchmal auch die Venus am Taghimmel, wenn sie als „Morgenstern“ in besonders günstiger Stellung erscheint.

Wer eine solche Nacht durchlebt hat, wacht selten erholt auf. Die Kamera fühlt sich schwerer an, die Feinmotorik lässt nach. Dabei erfordern die wechselnden Lichtverhältnisse gerade jetzt volle Aufmerksamkeit. Man weiß: Hier gäbe es ein Motiv. Aber man schafft es kaum mehr, den Auslöser im richtigen Moment zu drücken.

Und dann kommt sie, die maue Stunde. Das Licht ist grau, die Sterne sind verschwunden. Alles wirkt konturlos. Bis endlich die Sonne über den Horizont steigt. Ohne sie wären wir verloren. Für uns Fotografen – und für uns Menschen überhaupt – ist sie das Maß aller Dinge. Ihr Licht macht die Welt sichtbar. Und jede Nacht, so lange sie auch dauert, endet mit ihrer Rückkehr.

Das Warten auf die Sonne nach einer kalten Nacht am Blaser (2241 m) oberhalb des Wipptals hat ein Ende: Alle Kameras sind auf die Sonne gerichtet. Der Fotograf freut sich auf die Wärme. (Canon 5D Mark 3, 28.05.2013, 70 mm, f/16, 1/332 Sek., ISO 400)

Die Venus über dem Zuckerhütl (3507 m) ist der letzte helle Punkt am Morgenhimmel, bevor die Dämmerung alle Lichter der Nacht verblassen lässt. (Canon 5D Mark 3, 29.03.2014, 70 mm, f/3.5, 1/200 Sek., ISO 800)

Die Morgensonne wärmt den feuchten Schlafsack am Blaser. Die Kamera hat die ganze Nacht über einen Kometen fotografiert. (Huawei P30 Pro, 08.09.2023, 6 mm, f/1.6, 1/590 Sek.)

Die Bremer Hütte und die Pflanzen am kleinen See sind durch das Licht der aufgehenden Sonne in ein pastellfarbenes Muster getaucht. (Google Pixel 8 Pro, 2 mm, f/2, 1/1361 Sek.)

Kurz vor Sonnenaufgang leuchtet der Kaunergrat in Rot- und Gelbtönen, welche das Licht der Sonne ankündigen.
(Canon 5D Mark 3, 23.07.2012, 280 mm, Panoramaaufnahme, f/5.6, 1/640 Sek., ISO 800)

DANK

An erster Stelle möchte ich meiner Familie einen herzlichen Dank für die Entbehrungen, die Unterstützung und mir gewährten Freiheiten für meine nächtliche Leidenschaft aussprechen. Ich weiß, dass ich sehr oft über Nacht nicht zuhause war.

Eine große Dankbarkeit empfinde ich zudem ob mehrerer, teils mehr als 40 Jahre dauernder Freundschaften: Mit Roland habe ich im Alter von 14 Jahren die Freude an der Astronomie entdeckt, und wir pflegen dieses gemeinsame Hobby bis heute. Auch mit meinem Freund Tom habe ich unzählige Nächte in der Sternwarte verbracht. Wir haben viele Teleskope und Montierungen gekauft, gebaut, getestet, verkauft, wieder neue Fernrohre angeschafft und richten uns nun gerade eine neue Sternwarte im Garten ein. Bernd wiederum hat mit mir viele Nächte am Berg durchwacht. Ohne den Beistand solcher Freunde hätte ich sicher nicht so oft so lange durchgehalten.

Auch mit vielen Bergbahnbetreibern verbindet mich eine berufliche, manchmal auch freundschaftliche Beziehung. Es sind zu viele, um hier alle zu erwähnen. Aber immer wieder hatte ich durch sie die Gelegenheit, die Ausrüstung nach oben transportieren zu lassen und an einer Bergstation zu übernachten. Und nicht zuletzt haben mich neben Freunden auch viele Gletschervermesser-Kollegen auf etlichen Gletschern in Tirol und außerhalb begleitet. Nur durch diesen gemeinsamen Kraftakt sind auch einige Bilder in großer Höhe gelungen.

DER AUTOR UND FOTOGRAF

NORBERT SPAN, wohnhaft in Steinach am Brenner, blickte schon im Alter von 14 Jahren durch ein selbst gebautes Teleskop in die Sterne – und fotografiert seit nunmehr 40 Jahren den Nachthimmel über den Alpen. Nach einem Studium der Meteorologie, Glaziologie und Astronomie und anschließender Promotion in Innsbruck drehte er Naturdokumentationen für Sender wie Servus TV, ARTE sowie den SWR und gewann internationale Preise für seine Astrofotografie. Span war maßgeblich an der Planung der ersten Volkssternwarte in Tirol beteiligt.